基于视觉心理模型的移动 Web用户体验设计

李　颖◎著

吉林人民出版社

图书在版编目（CIP）数据

基于视觉心理模型的移动Web用户体验设计 / 李颖著
. -- 长春：吉林人民出版社，2023.6
ISBN 978-7-206-20098-4

Ⅰ.①基… Ⅱ.①李… Ⅲ.①移动终端—应用程序—
程序设计 Ⅳ.①TN929.53

中国国家版本馆CIP数据核字（2023）第116385号

责任编辑：王一莉
封面设计：清　风

基于视觉心理模型的移动Web用户体验设计

JIYU SHIJUE XINLI MOXING DE YIDONG WEB YONGHU TIYAN SHEJI

著　　者：李　颖
出版发行：吉林人民出版社（长春市人民大街7548号　邮政编码：130022）
咨询电话：0431-85378033
印　　刷：长春市昌信电脑图文制作有限公司
开　　本：787mm×1092mm　　　1/16
印　　张：12.5　　　　　　　字　　数：200千字
标准书号：ISBN 978-7-206-20098-4
版　　次：2023年6月第1版　　　印　　次：2023年6月第1次印刷
定　　价：38.00元

前　　言

随着信息技术和智能设备的发展，基于HTML5开发的移动Web应用具备轻量级、便捷性、跨平台应用等优点，因而得到了广泛的应用。移动网络时代的应用设计强调以用户为中心的设计原则，有别于早期基于人机工程学的可用性设计要求，以用户为中心的移动应用设计围绕用户体验展开。全书以唐纳德·诺曼（Donald Norman）的体验分层理论为指导，从本能层、行为层、体验层等几个层次对移动Web用户体验设计展开具体的研究，涉及视觉体验、行为体验、情感体验等。

本书的主要亮点在于对移动Web用户的视觉心理展开了深入系统的研究，在此基础之上开展的用户体验设计更符合网络用户的视觉心理习惯与行为习惯。本书的写作注重理论研究与实践研究的结合。本书的研究内容为：前两章阐述了移动Web应用发展的网络环境、技术平台、信息交互理论及方法，为移动Web用户体验设计的深入研究奠定了相关的技术研究、理论研究和环境研究的基础；第三章、第四章在相关视觉心理学理论研究的基础上，开展深入的用户视觉心理理论研究及实验研究，其中眼动实验作为当下最为重要的视觉心理研究的研究方法，对本书的理论研究起到了重要的支撑作用；并且在用户体验相关理论（第六章内容）、用户体验设计方法研究的基础之上（第七章、第八章内容），开展基于用户视觉心理模型的视觉与用户体验优化设计实践（第九章内容），以验证理论研究与方法研究的可靠性。

本书采用的主要研究方法有理论研究法、实验研究法和设计实践法。理论研究方面，通过对计算机视觉心理学、认知心理学、审美直觉心理学、格式塔心理学等视觉心理学相关理论的研究，奠定了移动Web用户视觉心理研究的理论基础，为移动Web用户视觉心理模型的构建提供了理论依据；实验研究方面，通过眼动实验研究了移动Web用户的视觉行为特点与视觉心理规律，为移动Web用户视觉心理研究奠定了实验研究的基础，提供了科学准确的研究方法；设计实践方面，在前期概念研究、方法研究、理论与实验研究的基础之上，开展移动Web用户体验设计实践，特别是基于视觉心理模型的视觉优化设计实践，以验证本书所提出的理论模型的正确性与设计方法的可行性。

本书的理论创新和学术价值体现在将视觉心理学与诺曼体验分层理论相结合，探讨移动网络环境下的用户体验理论及视觉传播理论，将诺曼情感化体验设计中提到的体验分层理论应用于移动Web应用领域，并提出了视觉心理学视角下移动Web用户体验设计的新内容新方法。在全新的理论视角下，建构移动Web用户的视觉心理模型，并以此为基础开展用户体验设计方法的研究，涵盖视觉体验设计、互动体验设计和情感体验设计方面的内容，为移动Web应用产品的用户视觉心理研究与用户体验设计研究领域提供了全面有效的参考。

本书的研究内容来源于笔者近几年来所从事的移动Web应用领域的学术研究及设计实践的积累。本书涉及的设计实践内容来源于笔者及团队多年来的设计经验积累，本书涉及的案例内容多数来源于笔者及团队的设计开发实践，少数来源于网络及著作中的经典案例，对于本书中所借鉴参考的案例、著作、书籍、参考文献等的作者，在此一并表示感谢。由于作者水平有限，撰写过程中难免会出现一些错误、纰漏之处，欢迎广大读者、同人批评斧正。

作者
2022年6月

目　　录

第一章 移动Web应用发展

近年来，随着手机等移动设备的普及和网络技术的发展，移动Web应用已广泛深入人们的生活。早期的Web应用主要为PC端浏览器应用，通过在页面中布置文本、图片、超链接、视音频等多媒体元素实现一定的信息展示与交流功能，成为人们最为熟悉的Web应用形式。而随着手机等移动设备的普及和网络技术的发展，移动端在线应用逐渐成为主流。

移动Web应用根植于移动网络环境，移动网络技术的发展是推动移动Web应用发展的根本动力。为了使读者更为全面深入了解移动Web应用，本章阐述了在移动网络发展推动下以手机为代表的智能媒介的发展，以及移动网络技术的发展对移动Web应用发展的推动作用，详述了以5G通信为代表的移动网络技术特征、应用场景及其对移动Web应用发展的促进作用。从技术发展、平台工具、跨平台应用等几个方面阐述了移动Web应用的概念、环境、发展现状及发展过程中需要解决的问题，涉及移动网络、浏览器平台、跨平台应用与开发技术等具体的研究内容。

1.1 手机媒介的发展

1973年，摩托罗拉公司的工程技术人员马丁·库帕发明了世界上第一部移动电话，约有两块砖头大小。

同时移动网络技术的发展，为移动电话的推广与普及奠定了基础。移动网络技术最早来源于大容量蜂窝移动网络技术，其发展历程见表1-1。移动网络经过一系列的技术变革与系统升级，发展为现在的全球移动通信系统GSM（Global System for Mobile Communications）。

表1-1 移动网络技术发展历程

时间	机构	发展进程
1975年	美国联邦通信委员会（FCC）	确立了陆地移动电话通信和大容量蜂窝移动电话的频谱
1979年	日本电报公司	开放了世界上第一个蜂窝移动电话网
1982年	欧洲移动通信组织	制定了泛欧洲的数字蜂窝移动通信系统

有了移动网络，手机才具备真正的移动性。1985年世界上第一台真正具有现代意义的手机诞生，但依然显得十分笨重，将电源和天线放置在一起组成移动电话，重量达3公斤。之后移动电话的体积与重量在不断变小，朝着小型化、轻型化的方向发展。随着设备的不断优化，移动网络技术的不断发展，才有了我们今天的智能手机。表1-2显示了手机的"瘦身"历程。

表1-2 手机的瘦身历程

时间	外形	重量
1987年	约为一块大砖头大小	750克
1991年	大哥大大小	250克
1996年	100立方厘米	100克
1991年	现代手机大小	60克

很显然，相比于过去较为笨重的手机，现代手机更为轻便，便于携带。但手机会不会继续朝着更为小型轻型发展？这不仅要考虑手机的便携性，还要考虑手机的显示功能，毕竟更小的手机意味着更小的屏幕，是否能够满足人们对于界面视觉显示的要求？很显然，屏幕没有变得越来越小，反而一些宽屏大屏手机、平板的出现满足了用户更好的视觉体验需求。但是在小屏智能设备领域，智能手表、智能眼镜等设备的出现，弥补了手机在某些特定领域应用时对便携性要求的不足。

手机媒介，成为我们当今最为熟知的移动应用载体，从早期的"大哥大"到现在五花八门的智能手机，手机媒介的发展离不开移动网络的升级。随着移动网络的应用与普及，手机的媒介特性也越来越凸显，成为当今社会最为重要的信息媒介。从信息传播的角度来看，手机媒介呈现出全方位立体式的发展，主要表现在以下几个方面：

随着智能手机的普及，作为一种传播媒介，手机媒介的群体覆盖性得到了全面的发展，当今社会人人拥有至少一部手机，每个人都可以随时随地向外界发送信息，成为信息网络的发送者和接受者，每一部手机都是一个信息传播点，其布满了整个人群。

随着手机应用深入到生活的各个方面，我们与手机之间的关系也越来越密切，随身携带、形影不离，我们与智能手机之间的关系似乎比以往任何一种媒介都要亲密，且无时无刻、无可避免地陷入手机世界。作为一种传播媒介，手机媒介的传播深入性得到了深度的拓展，加上手机自身的互动性特点，影响着人们的情绪和心理状态，使之成为触动和加强人际传播的重要工具。

手机作为一种智能信息交互与显示设备，除了其外形与信息功能方面的不断优化外，其视觉传播特性也得到了进一步的拓展，手机屏幕装置通过外接设备延展了手机的视觉交互与传播空间。摄像头的植入，使得手机实现了视觉信息的随时摄录与分享传播，开启了手机的视觉传播时代。作为"互动的和可戴的技术"，屏幕视框显示内容与屏幕界面交互操作之间的相互作用，不断激发视觉信息的快速更新，进一步凸显了手机屏幕的视觉传播意义。同时从更为广泛的社会传播层面来讲，手机成为社会群体接触人数最大，接触时间最长、视觉文化承载最多的视觉传播平台。

相比于以往的信息传播媒介，手机媒介最为显著的特点表现在互动性上。智能手机以触屏操作为主要的交互操作方式，基于传感设备的视觉交互、身体交互使得信息互动方式更为自然、无感、多样化，结合现代科技的指纹、声控、人脸识别等多种操作方式能够实现用户与屏幕信息界面的便捷互动，且这种互动具有点对点传播、群体传播等特性。

手机媒介借助于各种传感设备和智能科技延伸了人的感官，如摄像头结合传感器延伸了人的视觉感官，可穿戴设备结合传感器延伸了人的触觉感官等。同时，通过虚拟世界与现实世界的结合，人的各种感官在手机屏幕世界里得到了延伸。

同时手机作为一种信息传播媒介，在移动网络及跨屏融媒技术的驱动下，展现出更强的融合性。传统媒介由于通道壁垒的存在，往往以不同媒介划分传播内容，但手机媒介打破了信息渠道的壁垒，能够实现跨平台跨设备跨屏幕的信息传播与应用，整合多种设备平台的内容形成最具融媒性质的信息传播工具。

手机媒介与智能科技的结合体现出其媒介发展的前沿性、创新性。在网络技术和智能算法的驱动下，手机能够精准满足不同用户的信息需求。手机应用与智能算法、大数据、云计算、区块链等技术的结合，使得智能手机能够为用户提供智能信息推荐、精确信息导航、个性化信息管理等精准信息服务，凸显了手机媒介智能化、人性化的特点。

1.2 移动网络的发展

移动网络的发展经历了模拟移动网络和数字通信网络。移动网络在中国的发展有几个标志性的时间节点，1987年中国移动开始运行的900MHz模拟移动电话业务，标志着模拟移动网络在中国的使用；1994年中国第一个GSM（Global System for Mobile Communications）数字通信网络的投入使用，标志着中国移动网络进入了模拟网络与数字网络并存的时代；2001年模拟网络转为数字网络，标志着中国移动通信全面进入数字网络时代。

摩托罗拉3200便是模拟移动网络时代的急先锋，无论在重量还是体积上，都胜人一筹，当现在我们再重温它的相貌时，恐怕第一个想到的功能便是防身了。摩托罗拉8900，模拟时代的亮点，也是第一款翻盖手机，最高售价曾达3-4万元人民币。从模拟网络到数字网络，移动网络的发展伴随着移动设备的更新，表1-3展示了移动网络从1G到5G的发展，并且在向着更为先进的网络技术发展。

表1-3 移动网络从1G到5G的发展阶段

发展阶段	时间	相关组织或人物	标志事件	技术标准
1G	20世纪八九十年代	美国摩托罗拉公司的Cooper博士	大哥大的面世	电池容量限制和模拟调制技术需要硕大的天线和集成电路
2G	20世纪90年代	欧洲移动通信组织	第二代GSM取代第一代GSM技术标准	全球移动通信系统GSM（Global System for Mobile Communications）

发展阶段	时间	相关组织或人物	标志事件	技术标准
3G	2009年	国际电信联盟	移动宽带CDMA的投入使用	WCDMA（Wideband Code Division Multiple Access）
4G	2014年	移动通信行业	智能手机的应用与普及	TD-LTE及FDD-LTE移动网络技术
5G	2019年	移动通信行业	5G商用	增强型移动宽带EMBB（Enhanced Mobile Broadband）；大规模机器通信MMTC；超可靠低延迟通信URLLC（Ultra Reliable and Low Latency Communications）

以下结合移动网络的发展历程对移动网络的技术和应用发展一定的梳理：

1G网络采用的模拟移动网络，在1G网络支持下的手机由于要集成体积较大的天线和电路，显得比较笨重，携带也不够方便。

2G网络开始使用数字通信技术了，模拟网络与数字网络技术的主要差异体现在信息的传输形式上，模拟移动网络以模拟信号传输信息，而数字网络以数字信号传输信息，视频、声音、图像等多媒体资源的模拟信号同样会被转换为数字信号，以比特流的形式加以传输。在2G数字网络的支持下，人们用一部手机就能打遍全球，我国于20世纪90年代初引进和采用了2G网络，在此之前使用的是1G网络。

3G网络同样采用数字网络技术，其发展和使用进一步提升移动网络的通信效率，能够同时支持声音及数据的高速传输。

4G网络的发展主要得益于TD-LTE及FDD-LTE移动网络技术，我国在4G网络的发展中表现较为出色，其中TD-LTE具备自主知识产权。从1G到3G，移动网络的发展主要体现在数据传输内容和效率的提升，而4G网络的发展则全面拓展了移动网络的应用范围与功能，其主要优势体现在以下几个方面：①数据传输效率的提升，最高速率超过100Mb，能够满足大容量数据的高速传输；②不受时间或平台的限制，用户可以根据自身需求定制个性化业务，满足用户的各种需求；③结合数据采集、定位、远程控制等现代应用技术，实现更为多元化的服务功能；④可与传统的宽带网络相连接，大大拓展了系统服务的空间与功能性。

5G网络的发展则表现出更为颠覆性的技术革命及更为广阔的应用前景。5G网络是在4G网络的基础上发展起来的，全面提升了移动网络数据传输的速率、带宽、容量等。5G网络采用更为先进的数据通信技术，并融合了大数据、物联网等通信技术，全面提升和拓展了移动网络的应用领域和服务性能，如增强型移动宽带EMBB（Enhanced Mobile Broadband）；大规模机器通信MMTC；超可靠低延迟通信URLLC（Ultra Reliable and Low Latency Communications）等应用场景的发展，在军事、科技、社会生活等各个领域具有广泛的应用前景。2019年5G正式商用后，在运营商的大力推动和用户追求更好上网体验的内生需求驱动下，5G通信技术开始应用于社会生活的方方面面，目前也在以较快的速度普及其应用范围，随之而来的是用户规模的增长，进一步推动了移动网络应用的广泛与深入发展，目前5G网络已经具备实践应用的用户和基础设施。相比于其他的数字蜂窝网络，5G网络采用的是高速率（最高可达10Gbit/s）低时延（低于1毫秒）的网络传输技术，其数据传输速率是4G网络的100倍，数据传输速率的大幅提升和时延的大幅缩短大大提升了网络信息传输效率，使得网络用户能够获得更快的响应体验，增强了用户的信息交流体验效果。

根据历史经验，从1G到4G，信息技术革命的每一次更新迭代，都推动了社会技术的进步，而5G技术的出现更具有历史性变革意义，其超强的信息传输能力、广泛的社会应用场景和颠覆性的信息传播模式必将对网络世界的发展起到革命性的推动作用。基于5G基础实现的各种深度智能应用和万物互联应用都是有力的证明。

与4G技术相比，5G技术更具备高速率、大带宽、低延时、大容量、高可靠性、支持海量设备接入等特点，能够高质量满足用户的信息体验需求，包括信息传播的高效性、稳定性，信息交互的及时性、便捷性等。综合来看，5G网络较为明显的技术特征主要表现在以下几个方面：

1. 增强型移动宽带EMBB的应用使得5G网络具有更快的传输速度，特别是在大容量数据信息传输方面的优势表现得更为明显。技术测试显示，

5G网络模式下，下载一份10G的文件仅仅需要3秒钟。其容量高达4G的1 000倍，同时其数据传输速率高达4G的10倍以上。由于支持大容量高质量数据的极速传播，5G网络能够为移动用户提供更为极致的信息体验服务。

2. 具有更高的网络和设备兼容性，大规模机器通信MMTC的应用表明5G网络能够容纳更多的物联网终端设备，且当数量庞大的移动终端同时访问网络时，也不会出现卡顿的现象，真正实现了万物互联的概念。

3. 超可靠低延迟通信URLLC的应用使得5G网络具备更高的信息传输可靠性和更低的时延，5G将端到端时延缩短为4G的十分之一，更多先进技术的应用使得网络时延低至1毫秒。

4. 具有高安全性，5G在安全方面也进行了很大的优化升级，用户的各种数据信息应用了更加先进的加密技术。

以上技术特点使得5G具有更为广泛的应用前景，移动互联、物联网、大容量数据访问、高质量信息传输等多种复杂场景的应用大大拓展了5G网络的应用范围。5G网络在信息传输的广泛性和复杂性方面都表现出了显著的优势，信息覆盖的纵深性使得5G网络对虚拟现实体验、增强现实体验、超高清视频体验等具有良好的支持。随着技术与社会的发展，5G网络的覆盖面也越来越广泛，从质量、效率和范围上更为有力地保障了更为全面的信息服务与体验。

5G网络定义了三大应用场景：

增强型移动宽带EMBB（Enhanced Mobile Broadband）：其数据传输速率达10Gbps以上，增强型移动宽带EMBB通过提高信息传输速率提升用户体验质量。信息传输速率对移动Web用户的极致信息体验有着极大的影响，信息交流的顺畅性、信息响应的瞬间感极大影响着用户信息体验的心理感受。

大规模机器通信MMTC（Massive Machine Type Communication）：即海量机器类通信，从多种智能手机到物联网终端设备，5G网络对数量众多的终端设备访问表现出更高的容纳性，在物联网领域发挥着重要的作用，结合人工智能技术，能够实现大规模的设备资产管理，军用领域可以控制规模庞大的无人机编队、智能机器人团队，民用领域能够实现智能物流、智能运输等物流设备管理，实现真正意义上的万物互联。

超可靠低延迟通信URLLC（Ultra Reliable and Low Latency Communications）：5G网络以超低时延传输大容量数据，并能够保障信息传输的高可靠性和准确性。支持移动网络用户海量信息体验的网络通信技术需要并行处理大量错综复杂、实时变化的数据。5G网络通过5G NR技术实现信息传输的超低时延和高可靠性，为用户提供高质量高可靠性的数据传输服务和更为极致的信息互动体验。

5G技术通过提升移动Web应用的信息服务与用户体验（具体在第五章陈述），拓展移动Web应用场景，促进移动网络产业的发展。5G技术对移动Web应用发展的影响主要体现在：

1. 提升移动Web应用的交互体验：5G技术的高速度以及低时延特性将能够更好地响应高频、实时交互式事务的处理，从而大幅度改善用户与系统、系统与系统之间的交互体验。

2. 促进移动Web应用的远程互动：移动网络想要获得良好的用户体验必须能够高速传输并处理海量并行数据，并实现各种综合信息数据与用户之间的实时互动，尤其是智能信息服务、云计算前沿信息处理技术更需要高水平网络的支持，其应用与服务质量在很大程度上取决于网络信息处理能力，因此5G网络甚至是未来更为先进的网络通信技术的发展基础，是社会进步的必然要求。5G网络使云端服务的能力和质量得到了前所未有的提升，大大增强了移动网络用户的远程互动体验及相关应用的深度发展。5G网络推动了海量数据的远程传输与高频、实时互动，极大促进了移动Web应用的远程交互。

3. 促进移动Web应用的人机交互与万物互联：随着5G技术的深入应用，物联网发展所依赖的内外部环境因素得到优化，移动网络兼容物联网，结合人工智能、大数据等技术，实现广泛物联网络的智能应用与服务，支持相关产业的发展。如智能交通、智能物流、智能资产管理等。智能应用的发展必将带动移动Web应用深入到社会生活的方方面面。

4. 提升移动Web应用的用户体验：5G技术的发展带动移动终端如5G手机、VR/AR、传感器、超高清视频传输等能够拓展移动Web用户体验的新技术的发展，带给用户全新的信息体验环境。

1.3　移动Web应用发展

自互联网发展以来，万维网服务以丰富的网络资源和无处不达的信息共享为广大网络用户提供服务，成为人们最为熟悉的网络信息服务形式。但随着智能设备和应用技术的发展，移动在线应用成为一种更加便捷的综合应用形式，能够同时为用户提供信息服务与功能服务。甚至有学者提出大胆假设，在未来社会，Web APP服务将逐渐取代万维网服务。

1.3.1　从万维网到Web应用

移动Web应用自发展以来，受到用户的青睐及各大网络公司的追捧，微软先后推出安卓及苹果系统的移动Web应用以拓展其在移动应用领域的市场；亚马逊融入苹果公司发布的基于HTML5标准的移动Web应用等。从运行于电脑端Web浏览器上的智能应用程序到移动端Web应用，其背后伴随着网络技术和智能设备的发展，特别是移动网络技术和智能手机等移动设备的普及大大推动了移动Web应用的发展，目前移动Web应用的概念已推广至联网环境下以智能客户端的形式布局在智能设备桌面或窗口中的智能应用程序。CAMPBELL JAY认为，任何为手机和平板设计的软件应用都可以称之为移动应用程序，也就是我们常说的APP。

早期的移动Web应用较为依赖手机浏览器，但随着RIA（Rich Internet APPlications富网络应用）技术的发展，浏览器的概念也被淡化，移动Web应用的概念推广到联网环境下以智能客户端的形式布局在智能设备桌面或窗口中的智能应用程序。Web APP的迅速发展带来网络界的狂欢，人们利用Web APP拓展社交、商务、创业活动，甚至有国外学者提出大胆假设，Web APP可能会终结万维网服务。自1980年 Tim Berners-Lee创建万维网以来，www服务成为分享网络信息资源、获取网络信息服务的最重要平台，其本质是信息的分享与链接。早期的万维网服务基于一种十分简单的信息资源分享与链接的概念，但随着Web 2.0时代的到来，用户对网络服务的要求越来越高，交互性与功能性成为网络用户追求的更高目标。单纯的信息分享与链接已无法满足用户的需求，大量功能型、应用型服务开始涌现。

同时，伴随着移动网络和手机设备的发展，万维网的信息服务也逐渐从PC端向移动端迁移。同时随着五花八门的移动应用的诞生，信息服务也逐渐由万维网向其他应用平台迁移，网络用户将越来越多的时间花费在手机应用上。如今随着网络应用技术的发展（从4G到5G），以及智能设备的普及，移动互联网发展已经进入了全民应用的时代，移动Web APP逐步取代万维网服务将成为一个不可逆转的事实。加上近年来的移动应用呈现出大量开发与全民应用的态势，移动Web应用的推广势不可当。相比于原生APP，移动Web APP的免安装、轻量级、跨平台等应用特性，使其具备了在未来社会广泛推广与应用的优势。

1.3.2 从Native APP到Web APP

随着移动设备的发展，移动Web应用逐渐成为主流，且涵盖了多种应用形式，其中手机移动端的应用类型主要有Native APP、Hybrid APP和Web APP。其中Native APPlication由于其使用前的下载和安装以及维护成本的问题受到众多的诟病，Hybrid APP 和 Web APP 的运行更多地依赖 HTML5 技术，数据能够实现在线的实时更新、检索和分享，近年来受到重点关注和研究。

Native APP是一种使用智能手机操作系统原生程序开发，且能够独立下载安装的第三方程序，也就是我们常说的原生APP。Native APP可广泛使用于iOS、Android、WP等智能手机操作系统，以程序包的形式下载、安装、运行，有点类似于系统插件。其开发语言一般为JAVA、C++、Objective-C等原生程序。Native APP一般在用户的手机桌面上拥有独立启动图标、并安装于手机系统中的程序。与移动Web APP一样，Native APP拥有完整的信息架构、交互系统，且具有很强的交互和功能，是个完整的功能应用。但与移动Web APP相比，其最大的缺点是用户需要下载安装才能使用，且固定占用操作系统一定的内存空间。

Web APP是依赖于网络平台（如浏览器平台）运行的移动应用程序，其开发更多地倚赖于HTML5语言，其优势主要体现为：运行于移动网络平台的轻应用，不需要下载安装。由于无须下载安装，近年来受到越来越多的追捧，有超越原生APP的趋势。毕竟对于市面上五花八门的手机APP应用的安装，很多用户已感到厌烦，智能手机用户每天使用的大量的移动应用程序，过多的手机APP应用的安装增加了手机存储空间和内存的占用，严重影响了手机系统的运行速率和用户体验。

Hybrid APP指的是混合模式移动应用，是Native APP向Web APP的过度，介于二者之间的轻量级Web应用，基于Web的可安装小容量APP。由于其基于浏览器端且容量小，受到网络公司的青睐，较多公司为了适用于多终端设备，使得用户是否安装都能使用，会将web APP封装成APP，以APP的形式存在于手机桌面，但实际上是基于Web浏览器的应用程序。Hybrid APP的出现为移动Web应用提供了更为强大的支持，有力地证明了移动Web应用可以像原生APP一样拥有完整的应用系统，同时可以像Web APP一样具备跨平台信息交互的能力与优势。

在多种类型的网络应用中，Web APP的主要优势表现为基于浏览器的跨平台应用，可以随时随地开展在线应用，甚至可以开展离线应用，不需要用户单独下载安装。以及各种API（APPlication Programming Interface）应用程序接口技术的发展，使得Web用户能够轻松访问设备硬件、获取本地资源。如定位API使得Web APP用户能够轻松获取设备的地理位置，文件API使得用户能够轻松访问本地文件夹，以及触摸屏技术的发展，使得用户在Web界面上同样可以通过各种手势指令与系统交互。作为一个完整的信息系统，Web APP同样拥有自身的信息架构与交互功能，具备实施完整应用功能和用户体验的条件，同时基于Web引擎，还能够实现信息的即时检索与智能推送，结合云端的大数据服务能够更好地了解和优化用户体验与信息功能服务。从网络技术的角度来看，Web APP融合了时下先进的网络技术为用户提供信息服务，如云计算、大数据等；从信息服务的角度来看，Web APP能够提供全面、精准、快捷、高效的信息服务，从用户体验的角度来看，Web APP同样能够调用手机硬件设备与操作指令，具有丰富的信息交互功能，能够提供给用户丰富、完整、高效的用户体验。

1.4　移动浏览器简介

随着媒介设备和网络技术的发展，特别是网络通信技术发展（从1G到

5G）推动移动设备与移动应用的发展与普及，浏览器应用开始从PC端发展至移动端，以移动Web或Web APP的形式广泛应用于移动终端设备。移动Web应用的发展经历了早期的WAP网站到手机原生应用，再到以HTML5为标准的移动Web APP。所谓WAP网站是指可以通过手机、平板等移动设备访问的Web站点，而手机原生应用则是基于手机系统如Android、iOS等原生语言开发，可直接安装与应用于移动设备的应用，也是目前广泛流行、我们每天都在下载和安装的各种手机应用。

由于移动终端设备的便携性及广泛使用的特点，Web应用从PC端到移动端的移植成为其发展的必然趋势。而移动浏览器由于具备轻便、跨平台应用和兼容多种设备访问等特点，为移动Web应用提供了经典的载体和平台。自发展以来，移动浏览器成为人们获取Web信息与服务的经典视窗与平台，甚至有大胆推测："在未来，谁掌握了浏览器，谁就掌握了用户。"借助于移动浏览器，移动Web应用得到了迅速的发展，但其推广普及还取决于用户的认知、接受程度，以及持续使用意向等。

说到移动浏览器，人们较为熟悉的有UC浏览器，此外目前受到用户市场广泛认可还有谷歌的Chrome浏览器、微软的IE浏览器、苹果的Safari以及Firefox、Opera等主流浏览器。根Gadget Lab公司发布的全球移动浏览器份额调查数据，安卓类浏览器在国内市场的份额最大，其次是苹果的Safari，谷歌的Chrome和Firefox。基于移动浏览器开发和发布应用，需要充分考虑其结构、性能、特点以及跨平台应用、媒体资源的兼容性等，下面就安卓系统及苹果系统的两款具有代表性的浏览器加以介绍，借以进行移动Web主流浏览器的结构、性能与特点分析。

1.4.1　移动浏览器结构

目前移动Web应用市场上的浏览器种类繁多，但大体上遵循一定的框架结构，即标题栏、菜单栏（工具栏）、地址栏、主窗口、状态栏等。为了最大化凸显用户视窗，很多功能菜单是以工具列表的形式加以隐藏的。且移动浏览器需要在各种设备平台正常运行，需要支持W3C最新WEB协议HTML5且能够兼容常见的多媒体格式，如H.264、OggTheora、WebM等HTML5编码视频格式。而在这一方面，Chrome浏览器和Safari浏览器均表现良好，成为其广泛应用和推广的重要条件。下面以安卓系统及苹果系统最为代表性的谷歌Chrome浏览器和Safari浏览器进行移动Web浏览器结构与性能分析。

1.4.1.1　Chrome浏览器

Google Chrome是由Google开发的一款设计简单、高效的Web浏览器。手机版的Chrome浏览器发布于2012年，支持Android、iOS、Windows Phone等移动终端系统。作为一种微型浏览器，手机版Chrome浏览器最大的特点是简洁、快速。其简洁的界面受到用户的欢迎，其隐蔽的按钮和标志使浏览器几乎处于隐身状态，以实现用户信息体验时忽略工具和视窗的干扰，更好地实现信息访问的沉浸式体验。

Chrome浏览器之所以得以广泛推行首先是因为其具备了诸多的优点，简单的搜索工具、灵活的标签以及高效安全的性能，受到Web用户广泛的推崇和喜爱。移动Chrome浏览器采用轻量级、多进程架构，当用户同时访问多个视窗时，每个标签也都是独立运行的。也就是说，一个标签页的崩溃不会影响到其他标签页，提高了系统的安全性；其次是其高效灵活的访问速率，Chrome浏览器采用的WebKit引擎简易轻巧，并具有预先渲染的功能，通过GPU硬件加速和DNS预先截取功能，使得用户在浏览含有大量图片站点时，能够更快速地渲染而不至于出现页面滚动时图片破裂的现象。

此外，值得一提的是Google Chrome基于更强大的JavaScript V8引擎，且在设备兼容性、媒体兼容性方面表现良好，例如对H.264、OggTheora、WebM等多种HTML5编码视频格式的支持，确保了Chrome浏览器在各种设备平台运行时的兼容性，支持更多的用户信息需求。

1.4.1.2　Safari浏览器

Safari浏览器是苹果计算机操作系统Mac OS中的浏览器，也是iPhone手机、iPod Touch、iPad平板电脑中iOS指定默认浏览器。Safari 浏览器以惊人速度渲染网页，号称世界上最快的浏览器，且与 Mac PC 及 iPod touch、iPhone、iPad完美兼容。

Safari浏览器最早于2003年发行测试版，之后经历了多个版本的变革，其中2013年推出的iOS7系统Safari浏览器以及2014年推出的iOS8系统浏览器功能最为强大。例如iOS 7 中的 Safari 浏览器提供了更为出色的信息访问功能且外观十分美观。其外观及功能设计充分考虑了用户的体验效果：为了使得用户在信息访问时尽量忽略工具和视窗的存在，其按钮和工具栏在正常情况下是处于隐藏状态的，而当用户需要时，可以通过滚动操作将其调出。最大化的视窗使得用户能够在屏幕上看到更多的内容。其操作也十分便捷，只要轻扫一下，就能轻松实现向前或向后翻页，系统性能快速顺畅，信息交互无障碍。iOS8的系统浏览器则在iOS 7的基础上全面提升了工作效率、安全性和设备管理功能。如今随着苹果手机和苹果计算机用户份额的不断提升，Safari浏览器的市场份额也随之提升。

1.4.1.3　移动浏览器性能差异与特点

作为移动浏览器市场的三大巨头，谷歌、微软和苹果公司都在不断提升移动浏览器的性能与外观，他们在不断竞争的其实是更为极致的用户体验。而运行平台与设备环境的差异决定了其主流浏览器的差异，但是在使用方面都要达到舒适良好的用户体验效果，才能得到市场和用户的广泛认可。以下以Safari和Chrome浏览器为例，进行不同设备平台主流浏览器结构特点与性能分析，以剖析浏览器结构与用户选择之间的内在联系。

Safari作为iOS系统的官方浏览器，以及Chrome作为Android系统浏览器的典型代表，二者之间的共同点反映了用户体验的需求，二者之间的差异则反映了系统平台的差异。

Safari浏览器与Chrome浏览器有着诸多的相似点，如

同样使用WebKit引擎，同样支持CSS3外观样式与HTML5网页技术，支持相关的HTML 5视频及音频的处理；

同样设置了私密浏览，且界面都比较简单，在PC端浏览器用户访问行为及数据研究的基础上，保留了用户最为常用的功能，且充分考虑到用户视觉体验效果，采取简洁无障碍的界面设计。其界面功能包括用户操作最为常用的前进、后退、书签、地址栏、搜索栏、标签栏等区域且置于用户易于发现和操作的位置，这样的设计比较符合用户体验对简洁性和便捷性的要求。

但Safari浏览器和Chrome浏览器的不同之处主要体现在标签管理上，

Safari和Chrome浏览器标签页较为常见的操作有打开标签页、添加标签页、搜索标签页、排序标签页、关闭和定时关闭标签页等，但最大的不同在于当用户打开多个标签页时，浏览器对标签页的管理上。Chrome浏览器的标签管理采取了自动隐藏堆叠形式，而Safari浏览器采用了较为传统的方式管理打开的多个标签页。所谓自动隐藏堆叠形式，是指当用户打开多个页面而导致标签栏无法全部显示时，其他的标签就会以堆叠的形式显示，主要有两种方式，右侧标签堆叠显示和左侧标签堆叠显示。默认的为右侧标签堆叠显示，用户可以通过按住标签向某个方向拖动的方式来切换标签的堆叠方向来排序标签。而Safari浏览器的标签管理则采用较为传统的方式，只允许用户打开固定的几个签页面，用户可以通过常按标签后拖动的操作方式来排序标签。

1.4.2 移动浏览器引擎

1.4.2.1 WebKit引擎

WebKit是一款开源的Web浏览器引擎，支持跨平台应用，对HTML5及CSS3新增属性的支持也非常好。这里提到的Safari及Chrome浏览器都是基于WebKit引擎开发的，因此能够支持很多前沿的网页特效，如弹性盒、动画、渐变等。此外，当前还有不少主流浏览器是基于WebKit引擎开发的，如搜狗高速浏览器、QQ浏览器、360极速浏览器等。WebKit为浏览器的设备支持与媒体支持提供了良好的运行环境，确保浏览器能够运行于不同的系统平台。这主要缘于WebKit对当前流行的移动设备以及开发语言都有很好的支持。WebKit对多种移动设备也有很好的支持，包括iPhone和Android手机都是使用WebKit作为浏览器的核心。同时，为了更好地支持不同版本的JavaScript，WebKit设计了一套接口可以切换使用不同的JavaScript引擎，因此基于WebKit引擎设计的Web应用项目对强大的JavaScript V8引擎也有很好的支持作用。

1.4.2.2 JavaScript引擎

所谓JavaScript引擎，简单来讲，就是能够提供执行JavaScript代码的运行环境，支持系统数据交互。JavaScript具备强大的数据通信与交互功能，其在移动Web领域的广泛应用致使其性能在过去几年里不断提升，与

HTML5、CSS3一起成为移动Web应用开发的中坚力量。相较于以前的版本，JavaScript V8引擎在性能优化方面有了巨大的提升，目前被用于谷歌浏览器、安卓浏览器等较为经典的移动浏览器中，大大提升了其数据交互的效率与性能。作为一款功能强大的数据交互引擎，JavaScript V8能支持众多的硬件设备与软件系统，因此是一款优秀的跨平台应用开发工具，例如在移动Web应用开发领域，V8能够支持包括Android、iOS在内的众多操作系统，同样对PC端的操作系统如Windows、Linux、Mac OS X等的支持也是非常好。因此基于V8引擎的数据交互平台具有良好的跨设备跨平台应用能力。

除了跨平台应用，JavaScript数据交互引擎另一项显著的贡献表现为实现了移动Web应用的异步数据交互。在传统的Web信息交互过程中，用户通过发出HTTP请求与服务器端进行交互，而服务器端返回的内容为一个全新的HTML页面，因此，对应于用户的每一次操作请求，都要通过更新界面来响应用户的操作，大大拖慢了交互的效率，增加了服务器的负担。且基于这一交互方法创建的界面内容信息展示形式呆板、交互操作方法单调不灵活。此外随着信息技术和媒介设备的发展，另外一个弊端也逐渐显现，那就是无法解决各种新出现的设备及浏览器的跨平台使用和兼容性等问题。

异步数据交互解决了移动浏览器面临的以上问题，其采用的动态数据传输技术很好地解决了移动Web数据通信的平台与效率问题。由JavaScript 和XML组成的Ajax（Asynchronous JavaScript and XML）异步数据通信技术，不需要刷新整个页面，就可以和服务器交换数据并且只更新需要更新的信息内容。以存储于XML文档的信息资源调用为例，当用户访问移动应用界面，通过触屏等交互操作发出信息需求，通过Ajax引擎与服务器端发生交互，具体的交互过程是通过JavaScript调用 XML资源文档内容，返回服务器，再返回移动应用程序，及时更新界面信息内容，响应用户的信息需求。小范围信息的精确更新大大提升了信息传输效率和Web 应用程序的响应速度，使移动Web用户的信息交互过程更为顺畅，获得良好的交互体验效果。

在异步数据交互的基础之上，结合HTML5跨平台开发技术实现的移动Web程序能够实现不同设备终端及移动设备的跨平台应用且具备高效的信息交互功能。以XML文档存储的信息资源库的调用为例，图1-1展示了从用户访问到获取信息的异步数据交互过程。

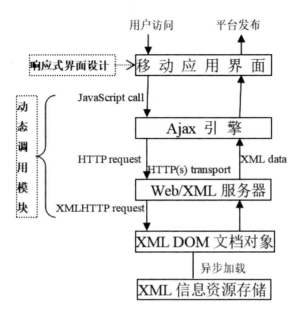

图1-1　移动网络数据的异步交互过程

1.5　移动Web跨平台应用

移动Web时代，不仅操作系统多种多样，最为常见的有Android、iOS、Windows Mobile等，设备也是五花八门，有各种尺寸的智能手机、平板、Pad甚至智能手表等。移动Web应用想要得到推广首先要解决跨平台跨设备应用的问题，浏览器为跨平台应用提供了很好的解决方案，因为无论是什么样的系统或平台，它们都有着跨平台的浏览器（Chrome、IE、Firefox等），通过浏览器，可以在各种平台上运行各种各样的Web程序。其开发语言也要求"一次编写，到处运行"。

1.5.1　跨平台开发工具

基于HTML5+CSS3+JavaScript创建的移动应用程序可以运行于各种系统各种平台，很好地解决了移动Web跨平台应用问题。其中HTML5为网页超文本编辑语言的最新版本，用于创建移动Web界面元素；CSS3（Cascading

Style Sheet）为层级样式表，用于编辑界面元素外观；JavaScript为Web交互语言，用于实现界面元素交互及数据通信。

HTML5是一项为移动而生的跨平台开发语言，它提供了一个普遍的Web标准，基于HTML5开发的移动Web应用能够实现跨平台信息交互，并且具备强大的设备兼容性、平台兼容性和多媒体资源（包括音视频、虚拟现实、增强现实、交互小程序等）兼容性。HTML5自发展就受到YouTube、亚马逊、Twitter等大型网站的追捧，越来越多的网络应用程序使用HTML5语言开发。

相比于传统桌面Web开发，HTML5更大的优势体现在能够兼容各种各样的设备终端，小到两三寸的迷你手机，大到5寸的三星Note、iPad、平板等，得益于Web开放的技术构建标准，基于HTML5构建的Web应用程序，都能够通过浏览器支持各种智能设备的磁盘、摄像头、麦克风等硬件设备的访问，并支持其软件系统的操作。除了在设备的兼容性方面，HTML5技术的优势还表现在设备访问、通信、多媒体、图形、特效等诸多方面：

设备访问能力的提升。在HTML5出现以前，移动设备虽然也能支持Web应用程序，但存在着诸多问题，如页面的缩小、手指点触不准、格式错乱和速度缓慢等问题，更为重要的是Web应用程序无法跟随设备环境的改变而做灵活调整。HTML5的出现解决了很多问题，对于当前的主流移动设备（手机、平板等）而言，HTML5对其定位、触摸、传感器等重要功能的支持非常好。在设备访问和操作方面，表现比较突出的如CSS3的 media query技术。设备感知能力的增强使得移动Web应用程序也能够轻松访问和调用移动设备的各种硬件资源，如Orientation API可以访问重力感应、Geolocation API能定位设备，以及本地数据资源的轻松访问，使得Web应用程序的信息及功能服务轻松对接了网络资源与本地系统。

数据通信能力的增强。基于HTML5开发的移动Web应用程序具备更为强大的数据通信能力，Web Socket 以及 Server-Sent Events技术大大提升了客户端和服务器端的通信效率，使得用户的信息交互更为顺畅。

多媒体资源兼容能力的增强，特别是对音频和视频兼容能力的增强大大方便了多媒体资源的使用。众所周知，由于音视频制作及编码解码工具的不同导致音视频格式的多种多样，音视频的格式的兼容性问题一直是Web应用领域较为头疼的问题，HTML5技术提供了覆盖多种格式的音视频资源的兼容方案，很好地解决了多媒体资源调用的问题。

图形与特效能力的增强。HTML5技术提供的绘图工具可以在移动Web应用界面上创建实时的交互图形，且 SVG、Canvas、WebGL等提供了图形高效渲染的方法。

信息交互能力的提升。基于CSS3+javascript创建的界面交互能够实现多种多样的信息交互方式，大大丰富了用户的信息交互操作，提升了信息交互的灵敏度。

基于HTML5的Web开发技术为移动Web应用提供了技术支持和开放兼容的Web标准。但移动Web程序的跨平台应用，除了需要解决内容创建的跨平台性，还要解决设备终端环境改变时的内容适应性，即面向多终端设备屏幕的自适应问题。此外，还要重点考虑设备环境和多媒体资源的兼容性问题。

1.5.2 设备屏幕自适应

从电脑到移动设备，屏幕的缩小带来页面缩小、手指点触不准、界面显示问题等。移动Web应用需要适应不同尺寸的屏幕，自动调整显示界面，才能够正常运行于多种设备终端。不同移动设备具有不同的设备属性与屏幕分辨率，表1-4列举了几款主流手机的相关参数。

表1-4 几款主流手机相关参数

机型	三星s6	魅蓝Note5	华为荣耀v8	小米5s	红米Note4	iPhone6	iPhone6 plus	iPhone6s
系统平台	Android5.0	Flyme5	Android6.0	MIUI8	MIUI8	iOS8.0	iOS8.0	iOS9.0
屏幕尺寸	5.1英寸	5.5英寸	5.7英寸	5.15英寸	5.5英寸	4.7英寸	5.5英寸	4.7英寸
分辨率	1440*2560px	1920*1080px	1920*1080px	1920*1080px	1920*1080px	1334*750	1920*1080px	2000*1125px
dpi	576	401	515	428	401	326	400	488

除了内容创建的跨平台性，鉴于多款手机不同的设备属性与屏幕分辨率，移动Web应用想要始终以合理的形式与布局展示在各种设备终端还需要解决设备和屏幕的界面自适应问题，这也是响应式设计的由来。基于

HTML5 Web标准创建的移动应用程序界面需要在页面的头文件中添加相关属性以控制其显示方式。基于HTML5创建的Web应用程序显示于设备终端时，一般可能会遇到三种情况：显示于同等宽度大小的设备屏幕、显示于较大宽度设备屏幕以及显示于较小宽度设备屏幕。

1. 当Web应用程序显示于同等宽度的设备屏幕时，以原始大小显示界面，不允许缩放，因为缩放可能会影响界面的视觉显示效果。以1080px屏幕宽度Android系统的Chrome浏览器为例，其界面显示宽度为1080px，当以固定的大小和布局显示移动Web应用界面，使用HTML5 创建应用界面时可以在页面头文件中添加如下属性：

<meta name='viewport' initial-scale=1.0 minimum-scale=1.0 maximum-scale=1.0 user-scalable=no>

其中initial-scale、minimum-scale、maximum- scale控制其缩放比例为原始大小，user-scalable属性设置其缩放模式为"无"。

2. 当Web应用程序显示于较小宽度的设备屏幕时，可以通过调整屏幕的可视区域用以显示界面内容。默认情况下，当移动Web应用程序运行于宽度较小的设备屏幕时，浏览器会以屏幕界面的宽度显示应用程序界面，然后自动缩放界面内容以适应手机屏幕。例如，当1366px电脑端的Web程序运行于1080px宽度的手机屏幕时，界面尺寸的变化导致界面内容更为拥挤、繁杂，且部分元素如字体、图片等变小而不利于用户视觉的识别。为了改善界面显示的用户视觉效果，可以对界面显示区域做如下设置：

<... ... content='width=device-width'>

最大限度地使用屏幕宽度作为界面显示区域，适当放大界面区域元素的显示效果，虽然放大效果受限，但能够在一定程度上改善界面视觉显示效果。

当Web应用程序显示于较大宽度的设备屏幕时，同样可以通过设置屏幕的可视区域以显示界面内容。当移动Web应用界面宽度较小时，如980px宽度的Web应用程序运行于1080px宽度屏幕设备时，由于界面显示区域不足导致屏幕两侧留白，可能会影响应用界面的整体视觉显示效果。此时可以将屏幕的可视区域设置为完整的界面显示区域，以消除屏幕界面留白。其设置方法为：

<meta name='viewport' content='width=1080px'>

当移动Web移动程序运行于特定的设备终端时，以上三种显示方案展现出优越性与稳定性，但其弊端在于限定了可视区的显示范围，当遇到更多更为复杂的设备终端时，不一定都能够正常显示。因此根据移动Web应用程序运行环境的复杂性与变化性，需要探寻一种适用于大多数设备环境的显示方案，目前普适性较高的一种设置方案为：

<meta name='viewport' content='width=device-width' initial-scale=1.0 user-scalable=no >

即无论终端设备的屏幕大小如何，将屏幕最大宽度设定为移动Web应用界面的显示区域，且禁止用户缩放。

1.5.3 系统平台兼容性

移动Web应用运行于多种设备终端、系统平台，除了能够自动适应设备终端的屏幕尺寸，更为重要的是兼容各种系统平台。浏览器为移动应用程序提供了接入系统平台的窗口。通过浏览器，可以在各种平台上运行各种各样的Web程序。但五花八门的浏览器同样需要一个统一的运行标准，好在互联网建立之初就是在一个开放的Web标准之上，且HTML5技术更为增强了这一技术标准的开放性与兼容性，基于HTML5开发的移动Web应用能够运行于各种设备平台并兼容市面上流行的各种浏览器。HTML5网络开发技术大大增强了移动Web APP的系统兼容性，能够运行于涵盖电脑、手机、iPad等多种设备终端的各种浏览器平台之上。

1.5.3.1 Web新增属性的兼容性问题

相比于以前的版本，HTML5提供了更多的网页元素和属性的支持，如新增加的弹性盒按钮以及CSS 3.0新增的变形、过渡、动画等一系列动态样式效果。但这些新增的Web特效并非能自然而然地适于各种浏览器平台，不同浏览器对HTML5及CSS 3.0新增的元素属性都有不同的支持。因为网络市场上的浏览器是由不同公司推出的，内部之间存在着不同的技术标准和专利保护的问题，当然对HTML5新增属性的支持也是它们竞争的对象。但是这个Web应用程序的开发人员造成了一定的困扰，为了使基于最新技术开发的Web程序能够兼容各种浏览器，需要在使用新增属性时添加前缀。如Chrome浏览器新增属性的–webkit–前缀；FireFox浏览器新增属性的–moz–前缀；IE浏览器新增属性的–ms–前缀；opera浏览器新增属性的–o–前缀等。以移动Web应用界面的渐变填充为例，通过添加–webkit–前缀以兼容谷歌浏览器：

background：–webkit–linear–gradient（top，black，white）；

兼容多种浏览器就要添加多个前缀：

background：–webkit–linear–gradient（top，black，white）；

background：–moz–linear–gradient（top，black，white）；

background：–o–linear–gradient（top，black，white）；

1.5.3.2 多媒体资源的兼容性问题

视频与音频的制作与加载存在着编码和解码制式的问题，编码和解码制式的不同导致视音频格式的不同，且由于浏览器技术标准的内核不同，各种浏览器对不同格式和编码制式的视音频文件支持情况不同，如表1–5所示。相对而言，音频的流行格式较为简单，主要有MP3和WAVE，其中MP3音频较为轻便更适合于网络传播，而WAVE音频往往能够提供更高清的音质，一般而言，各种浏览器对音频格式的支持情况都较好，但视频格式由于其编码解码制式都更为复杂而产生较多的视频格式，且各种浏览器对不同视频格式的支持情况也有所不同。

表1–5 主流浏览器对视音频格式的支持情况

	WebM	Ogg	MP4	MPEG H.264	MP3或WAVE
Chrome	6.0以上版本支持	5.0以上版本支持	5.0以上版本支持	原生支持	支持
Firefox	4.0以上版本支持	3.5以上版本支持	不支持	需要第三方解码器	支持
Safari	需安装插件	不支持	3.0以上版本支持	原生支持	支持
IE	需安装插件	不支持	9.0以上版本支持	原生支持	支持
Opera	10.6以上版本支持	10.5以上版本支持	不支持	不支持	支持

好在HTML5提供了兼容多种视频格式的方案，主要是通过语义标签来

实现的。HTML5通过\<video\>或\<audio\>标签创建视频或音频文件。以视频为例，为了能兼容多种视频格式，使用\<source\>\</source\>语义标签来引用多种格式的视频资源，当不同浏览器加载视频资源时，采用自上而下的读取模式，即优先加载上一条视频格式，当格式不支持时，再加载下一条视频格式，直至读取到浏览器支持播放的视频格式。通过\<source\>\</source\>语义标签覆盖多种视频格式的方式以适应苹果、安卓等多种主流设备浏览器的视频播放控件。如下：

```
<video controls>
<source src='myVi1.webm'  type='video/webm'>
<source src='myVi1.ogg'  type='video/ogg'>
<source src='myV1.mp4'  type='video/mp4'>
……
</video>
```

1.5.4　响应式界面设计

除了设备屏幕的自适应问题、系统平台的兼容性问题，当移动Web应用发布于Web平台时，无论设备环境、显示视窗和用户操作如何变化，如何保证界面内容始终保持正确的显示与合理的布局？也就是无论运行环境与用户操作如何变化，始终能呈现良好的界面视觉体验效果？为了实现这一目标，移动Web应用领域推行的响应式界面设计方法最早由Marcotte早在2010年提出。响应式界面设计要求Web应用界面的内容与布局能够根据设备环境与用户行为的变化而变化，用于构建交互性强的动态Web界面。

当界面元素根据设备环境和操作环境的改变，自动调整界面元素（如图片、文字、按钮、图标）的显示大小与布局，以适应屏幕界面的改变，始终保证良好的界面显示效果。响应式界面设计涉及的问题比较复杂，其具体方法将在本书第八章中给予详细的陈述，此处对响应式界面设计的方法概念给予概括性的描述。

响应式界面设计的理念是移动应用界面始终能调整其自身的大小、布局、内容，以适应设备环境、显示环境及用户操作行为的变化，以确保始终正确良好的视觉效果。其具体的实施方案为：移动Web应用界面根据设备屏幕分辨率大小的改变整体缩放视窗以达到最大化的界面显示效果。但显示界面的突然变化会产生一系列的问题：如界面尺寸改变后界面元素将如何显示？跟随界面拉伸后的元素是否会改变原先的宽高比？根据界面缩小后的图片、文字是否会变得模糊难以识别？界面元素之间的间距将如何改变等？针对以上一系列可能产生的问题，响应式设计提出了相应的解决方案。

移动Web响应式界面设计的具体解决方案为：根据屏幕分辨率自适应原理，经过特定设置的移动Web应用的界面视窗显示大小会根据设备屏幕分辨率的改变而变化，原理是自动获取了设备屏幕分辨率的宽度。当移动Web应用界面的显示宽度改变时，界面元素的内容和布局如果保持不变或强行拉伸，都会导致不良的界面显示效果。相反，如果界面元素的大小、间距、布局等能够响应一定的变化规律，根据界面宽度的改变而自动调整并合理显示，则会始终呈现给用户良好的视觉体验效果。响应式界面设计对不同类型的界面元素采取不同的布局方案，大体可以分为以下几类：同行并列显示的界面元素，如导航菜单、功能模块、应用图标等可以采用弹性盒布局，这一布局方法使得所包含元素可以在选定区域等均匀分布且随着区域大小的改变动态调整其大小和位置；字体、图标、LOGO等信息元素可以根据屏幕分辨率匹配计算原理重新计算大小以适应界面宽度的变化；图片、视频、音频等多媒体元素的显示宽度根据界面宽度的变化而等比例缩放调整；各元素版式（水平排列、垂直排列等）基本保持不变。其具体表现形式为：当设备屏幕宽度改变时，界面整体布局适当调整，界面区域内的相应元素随着区域大小的变化而自动调整其间距和大小，显示为区域内容的整体伸缩以适应区域变化。

第二章　信息交互理论与技术研究

移动Web应用的功能实现来源于用户与系统的信息交互，系统信息交互以用户交互行为为基础，其用户体验也是围绕信息交互的。通过对信息交互理论与技术的研究探讨移动Web信息交互设计方法，对用户体验设计具有核心的指导作用。本章阐述了信息交互理论与交互技术，为移动Web应用系统交互设计奠定研究基础，深入探讨了移动Web交互设计的对象、目标与方法，阐述了移动Web信息交互的输入方式及具体过程。

2.1　交互设计理论

感知与体验是人类认知世界的方式，而互动是人类深入理解世界的手段，人类与世界最原始的互动方式表现为从感官感知到发出行为到思维反应再到心理感受的深入体验过程，这也是交互设计研究的出发点，即通过探索人和物交流过程中人的心理模式和行为模式，通过人工设计物加强信息的认知与感知过程，进而满足人们的认知需求和功能需求。交互来源于人与物的互动，在电子设备出现以前，人们通过身体的动作行为与世界发生联系，从而达到深入认知和理解世界的目的。但随着数字世界和电子设备的出现，人与数字世界的双向互动过程表现得更为明显，交互设计理论也应运而生。

2.1.1　交互设计概念与范围

20世纪70—80年代，随着监视器和个人工作站的出现，交互设计作为一门关注交互体验的新学科应运而生。1983年，美国计算机协会（ACM）提出了人机交互（Human Computer Interaction，HCI）的定义："一门关于设计，评估和开发为人类使用的交互性的计算机系统以及它在使用中的主要现象的学科。"1984年，英国著名交互设计师比尔·莫格里奇将交互设计命名为"Soft Face"，而后才改名为"Interaction Design"。交互设计所包含的人为因素主要体现为人的行为模式与心理基础，其物理因素主要体现为可供信息交流的人机界面，这两个方面的内容需要结合计算机科学和认知心理学的相关理论加以研究，其具体的实施过程还涉及设计学、人机工程学、信息科学等领域，信息交流过程的研究又涉及生物学、传播学、社会学等多个学科领域。因此，交互设计是一门涉及诸多学科领域，综合运用多种知识与技术加以实现的交叉性学科门类，始终围绕着人与机器之间的交流关系，这也是交互设计研究的重点内容和自然结果。

同时，随着网络技术与数字技术的不断发展，交互设计关注的研究领域也从早期的硬件系统延伸至包括网站、游戏、各种应用软件在内的数字产品设计领域。其研究重点从早期的"人与机器的交互"到"人与计算机的交互"到"人与数字产品的交互"再到"人与数字世界的交互"。交互设计的研究范畴从机器领域到数字领域不断延伸，其研究方向也在向着数字化、信息化、体验性转变。

交互设计在数字产品世界的信息感知与认知过程中发挥着重要的作用，甚至可以说是无法避免的。无论何种形式的交互，其目的都是完成信息的互换与功能价值的实现，区别在于是有意识还是无意识的交流。在此过程中，人的意识起到较为关键的作用，因此对交互设计开展人性化的研究是提升交互效率与交互效果的重要途径。

随着信息技术的发展，交互设计也在不断朝着数字化、抽象化、沉浸性、体验性的方向发展，例如通过构建数字虚拟世界带给用户自然沉浸的交流体验和无感的交互方式。国内外在这一方面有着不少前沿的探索，英国艺术家保罗·塞尔蒙于1993年创作的《远程通信之梦》就通过交互设计构建了信息交流的跨时空体验。在他创作的时空交流环境中，处于不同地理位置空间的参与者通过实时通信视频装置进行实时的互动与交流，通过高清视频图像的传输打造了远隔千里之外的人们之间的跨时空互动，对彼此的动作做出及时的回应，甚至会产生触摸的真实感。这种互动是虚拟的，但给用户的感觉却是真实的，类似的探索还有很多，且这类交互设计更为注重体验性与沉浸性，且具有一定的暗示性，通过交互设计构建出来的"感知"虚幻而又真实，引发了创作者和参与者的使参与者的具身体验与无限遐想，是艺术与科技在体验领域探索性的结合。

以上探讨了交互设计的概念与范畴，下面将以移动Web交互设计为例，从交互设计的对象、目标、理念等角度对交互设计理论展开更为深入的研究，具体的设计原则与方法将在具体的设计过程中加以阐述。顾振宇在《交互设计——原理与方法》（清华大学出版社，2016年）一书中深入探讨了交互设计的目标、原则、过程、方法等，可以为本文交互设计的研究提供一定的参考。

2.1.2 移动Web交互设计对象

人机交互设计的对象包括硬件、软件、界面及交互方式，其涵盖的范围较为广泛。信息交互设计的研究对象可分为：硬件设备、系统界面及信息交流方式。无论是以功能为主体的硬件设备，还是以内容为主体的信息系统，界面都体现了人与对象（机器或系统）之间的信息交流关系及交互操作方法。界面设计是交互设计的自然结果。而随着新技术的发展，人机交互设计已广泛应用于智能手机交互领域，其原则和方法也发生了一定的变化。早期的移动Web交互设计更加注重可用性研究，基于人机工程学、生理学等相关学科的理论，综合运用技术手段设计出更容易理解、便于使用、方便操作的信息系统与交互界面。但体验的提出颠覆了以可用性为中心的设计理念，转向以体验为目标，以用户为中心的设计理念，设计师更为关注人机交互过程中的用户身心感受，进一步提高了对综合性人性化设计的要求。

具体到移动Web应用系统，其信息交互设计的对象为系统界面、交互方式及信息环境。系统界面包含了导航界面和场景界面；交互方式包含了信息交互和界面操作；信息环境是指用户的信息体验环境，包括完整的界面和系统。移动Web交互设计以信息交互为具体的设计内容，包括用户对系统的信息获取、系统对用户的信息反馈、用户对产品的信息体验等。信息功能的实现、信息交互效率、系统响应速率、系统操作的流畅性等，都是移动Web交互设计过程中需要重点考虑的内容。而移动Web交互设计的实现以网络通信和人机交互技术为支撑，只有网络通信与人机交互技术发展到较高的水平，才能实现高效的交互设计，如5G通信技术、传感器等技术的发展大大提升了移动Web交互设计的水平和效率。

2.1.3 移动Web交互设计目标

交互设计的目标是构建人与机器之间的信息交流通道，以移动Web产品的交互设计为例，即是建立用户与Web产品之间的信息交流关系，通过硬件与系统的转换，将用户的信息输入转换成系统能够理解和操作的指令，再通过信息界面反馈给用户。

移动Web交互设计以用户体验为目标，所谓用户体验则为用户在人机交互过程中的整体感受。维基百科将用户体验定义描述为用户使用一个产品或系统所获得全部体验和满意度。Hassenzahl & Tractinsky 认为，用户体验发生于信息交互过程中，用户的自我感知与特定情境相互作用的产物，更为强调系统情境对其心理感受造成的影响。移动Web信息交互设计的目标是结合用户的感官、行为和心理体验，打造高效完整的信息交流环境，同时要结合人体工学、认知心理学和环境心理学的相关理论进行综合设计，只有尽可能追求系统模型与用户模型的统一，才能够设计开发出真正符合用户体验需求的移动Web信息交互系统。

结合实际情况，移动网络环境中的各种应用系统有着不同的功能、内容和交互设计方法，但却有着共同的设计目标：通过系统界面的信息交互体验，以适当的交互操作方式，触发系统界面的信息反馈，以实现移动Web应用系统的信息功能和用户体验目标。因此，就其共通的设计目标展开交互设计方法的研究，为移动Web应用系统的交互设计提供参考。

2.1.4 移动Web交互设计理念

随着交互设计应用领域与范围的变化，其设计理念也在不断发生着转变，但始终不变的核心思想是交互设计理念表现为始终寻求人机交流的最佳途径。交互设计之父阿兰·库珀提出"除非有更好的选择，否则就遵从标准"。交互设计领域始终探索更有利于信息交流的设计模式与方法，也有很多经过实践验证的定律准则，为交互设计提供了可以执行和参考的标准。例如1954年保罗·菲茨提出的目标中心原则可以为中心辐射类交互系统设计提供一定的参考，他提出的从任意一点到目标中心位置所需时间的数学模型，成为某些场景浏览类或功能辐射类信息系统交互设计遵循的主要原则。

然而随着时代和社会的发展，规则或者标准也是在不断变化的。移动Web领域强调以用户为中心的交互设计理念，其核心和关键在于始终追求更优越的用户体验，围绕用户体验开展有助于增强用户社交、工作、娱乐效率的信息交流和交互方式。由于用户体验的综合性、复杂性、主体性和差异性等特点，以往的定律或法则往往难以涵盖其本质内容，以用户为中心的交互体验设计更加关心用户的内在感受，一系列基于用户心理模型的交互设计方法被提出。

2.2　人机交互信息输入

人机交互用以实现用户与系统之间的信息交流，人机界面提供了信息交换的通路，其触发条件为用户的信息输入。人机交互中的用户信息输入可以借助于各种设备向系统传输用户指令，最为常见的有键盘、鼠标、屏幕等硬件设备作为人机交互信息输入的中介，或者通过虚拟设备等中间设备进行与虚拟世界的信息交互，而科学家和艺术家们进一步的研究目标是在没有设备支持的情况下能够实现人与信息世界随时随地的交流，例如通过语音、表情、手势等进行人机交互。更为前沿的研究探索通过补充人的眼动、表情、意识等转化为量化指标，作为人机交互的信息输入的无感交互。

2.2.1　手指交互

手指，作为身体最为灵活的运动部位，在人机交互的信息输入中，一直扮演着举足轻重的角色，无论是传统的键盘、鼠标输入，还是当下流行的屏幕信息输入，都离不开手指的操作。

2.2.1.1　PC端手指交互

PC端人机交互的信息输入主要靠鼠标和键盘作为中介。一般而言，通过鼠标的位置模拟，PC就可以精准地接收来自用户的指令，作为最重要的输入设备，鼠标和键盘奠定了人机交互的基础。鼠标和键盘为系统提供最为精准的信息输入。

除了手指接触按动这一最为传统的输入方式，通过新技术的发展，鼠标和键盘输入方式得到了更为高效的解决方案。通过对鼠标键盘接触方式的改进使得人机交互更接近自然无感，例如富士通的虚拟键盘通过对用户手指动作的影像记录、追踪、分析、识别获取手指敲击键盘的位置，判断输入信息。这项技术不需要真实的键盘，而只需要辨别人的手势动作。同样，鼠标的接触方式也得到了进一步的探索，如俄罗斯设计师瓦迪姆·凯巴丁（Vadim Kibardin）设计的独特的无线鼠标（图2-1），通过磁力感应技术使得鼠标能够时刻飘浮在半空中，打破了鼠标固有的形态和空间位置。

图2-1 悬浮无线鼠标

2.2.1.2 移动端手指交互

随着智能手机时代的到来，传统的人机交互方式在不断被打破，触屏代替鼠标操作成为全新的互动方式，键盘也逐渐退出了交互领域，手指成为人机交互的主要方式。

移动端的手指交互表现为触屏操作。移动用户通过触屏操作能够更方面地与移动应用系统发生信息交互，通过手指的一系列动作，如点触、拧转、捏合、滑动等轻松获取信息。基于触屏操作的移动Web应用系统，手势成为用户信息输入的最主要方式，通过手指的点触、滑动、捏合、拧转等动作触发屏幕界面反应，实现屏幕信息界面的打开、查看、切换等互动操作，触发系统界面返回用户需求信息或完成各项功能任务。连续的手势操作触发系统界面源源不断的交互感应过程。移动网络信息时代，触屏代替鼠标、键盘等硬件设备的信息输入，逐渐成为移动网络用户最为主要的信息输入方式，传感设备通过获取手指的位置、弯曲、形状改变等信息触发虚拟场景的变化，形成全新的虚拟现实互动方式。

2.2.2 视觉交互

作为新一代的人机交互技术，眼球追踪技术（图2-2）曾被公认为VR中的鼠标，通过捕捉眼睛的注视点和运动轨迹来充当鼠标，与数字信息世界发生互动，使互动体验更加真实自然。应用眼球追踪技术的Web产品以更加灵活、高效和精准的人机交互体验得到用户高度的认可。其中注视点渲染技术可以追踪用户注视点，并通过弱化注视点周围的图像渲染降低了硬件的渲染压力，大大提升了人机交互的效率。注视点清晰，周围逐渐虚化，这样恰如其分的优化符合人眼成像的规律，同时，用眼神来当鼠标，看哪指哪，交互效率也远远高于鼠标和手指操作。

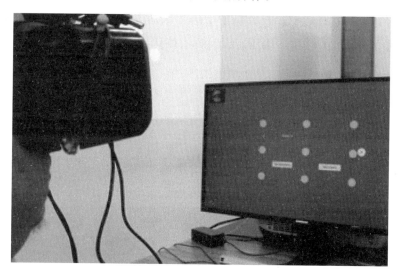

图2-2 眼球跟踪技术

这一技术领域较为有代表性的产品是Google公司推出的Google Glass，2012年谷歌推出通过眼球传感互动识别影像的谷歌眼镜，不同于普通的3D

眼镜或特效眼镜，这种眼镜自带影像采集与识别功能以及屏幕显示功能，通过对眼球状态的捕捉分析与系统进行交互，包括注视点的捕捉、眼球运动轨迹的分析等。以用户的眼动数据作为信息输入，以眼镜上的细小屏幕作为信息反馈界面，通过眼球与屏幕所连接的视觉显示系统之间的互动，用户可以获得各种视觉体验和交互功能。Google Glass通过外接设备极大地拓展了计算机的交互空间，用户不必坐在电脑前，就可以获得一种随时随地的、沉浸式的视觉体验。自谷歌推出Google Glass以后，苹果、华为、三星等公司也开始探索眼动追求技术在视觉互动中的应用。通过监测注视点的位置、时长、运动轨迹等数据信息捕捉用户在屏幕上的注视内容、兴趣点等，并作为用户视觉交互的信息输入。对用户进一步的视觉行为进行预测，同时根据用户视觉行为的具体信息输入给予实时的视觉信息反馈，以增强系统环境的互动性。

2.2.3　语音交互

语音交互是在语音识别与大数据技术基础之上发展起来的交互技术，将语音转化为数据化的沟通方式与数字世界进行信息交流，以数据传递用户需求并将信息传达给用户。借助于语音识别技术，人类与机器之间的沟通也将变得更加人性化。用语音识别技术替代键盘，目前，以Siri、Cortana和Google Assistant为代表的智能语音助手已经在PC和移动计算平台上广泛应用。

骨传导技术的发展大大推动了语言交流的效率和灵活性，即声音信号通过振动颅骨直接传达到内耳，缩短了声音信号传输的进程。骨传导输入设备能够接收人说话时的骨振信号传送至系统，也可将系统传来的声音信号转为骨振信号而传入人的内耳。骨传导技术经常与智能眼镜、智能耳机等交互设备相配合，完成视觉和听觉信号的传导与交互。

目前语音交互领域较为前沿的应用有智能耳机，它可以解读和翻译用户语音转换为机器能够理解的指令与系统发生交互，帮助用户完成一些任务，可想而知，智能耳机与虚拟现实技术的嫁接将带来声音交互领域的重大突破，目前一些Web产品开发的前沿领域开始尝试使用智能耳机完成系统的语音交互。

2.2.4　触觉交互

触觉交互是移动Web应用领域最为广泛的交互技术。触觉被喻为感觉之母，物理世界中人们通过触摸感知外物并实现情感交流。利用触觉作为信息交流的通道同样适用于数字世界，将触觉信息（不仅仅指手指）转化为交互指令，增强人与数字信息系统之间的交流，是未来人类在数字世界中"真实"感知外界的一种关键交互技术。随着压力传感器、触觉传感器等技术的发展，触觉能够被更精准地捕捉到并转换为人机交互的信息输入，大大提升了人机交互的自由度与灵敏度。

2.2.5　其他交互技术

2.2.5.1　意识交互

另外一种先进的交互技术：脑波交互技术，也叫意识交互技术，是人机交互的终极尝试，试想，如果我们能够通过意识与虚拟世界交流，那么比在现实世界中的交流更为轻松自在，且安全隐秘。2011年，美国科学家就研究出通过意识来拨打手机的意识交互技术，但这项技术一直在探索之中，它反映了人类与虚拟世界情感交流的强烈愿望。

2.2.5.2　场景交互

此外，目前处于热门研究领域的增强现实（AR）交互技术是将虚拟信息覆盖到真实环境，起到对真实环境的标注、提醒、解释等功能，是虚拟环境和移动应用的有效结合；虚拟现实（VR）与增强现实（AR）交互技术为用户的场景交互提供了更多的可能性，借助于网络通信与相关的体验设备，为网络用户提供在虚拟场景与真实场景之间切换的可能性，实现不同场景之间的自由切换与信息交互。场景交互的实现需要以高速率大容量的网络通信技术为支持，因此5G网络的发展也进一步促进了场景交互的应用范围与深度。同时，场景交互促进了智能体感设备的发展，如智能眼镜、智能头盔、智能手套等可穿戴体验设备的发展，相关领域的应用如实景购物、体感游戏等也得到了蓬勃的发展。网络技术促进信息交流与体验设备的发展，也是场景交互广泛应用与发展的意义所在。

2.2.5.3　其他交互

身体作为人机交互的信息输入，能够捕捉到的动作、表情、眼动、脑电等都能够转化为量化指标，作为人机交互的信息输入。随着传感器技术及穿戴式设备的发展，动作已经能够很好的被捕捉到并转换为人机交互的信息输入。人脸识别及情绪检测技术越来越多的应用于信息交互领域，通过摄像头捕捉人的面部特征进行识别，并捕捉人的脸面部表情进行量化，作为人机交互的信息输入。未来还会有更多的智能交互技术应用于人机交互，通过检测身体指标影响其感知互动、情感情绪与精力投入，进而针对每个个体身体进行精准的信息捕捉与信息输送。

2.3 移动Web信息交互

移动Web信息交互是通过系统界面来完成的，其界面交互是以鼠标、键盘或者屏幕为接口，在数据交换技术的支持下以更为高效和自然的方式与系统界面进行交互，通过信息的双向交流与用户感知建立起具身体验的信息世界。

移动Web产品系统的用户交互绝不仅仅是一次或一系列的操作那么简单，交互是一个信息反馈的体系，其底层涉及用户的动作和产品界面的变化，而其顶层涉及用户的感官与心理反应。移动Web信息交互包含了发送-反馈和刺激-反应的循环过程。这一过程可以描述为：用户发出需求信号，得到系统信息反馈，信息刺激用户感官，引发用户感官和心理反应。用户通过信息输入操作，如手指行为，触发系统界面和信息系统的浏览与切换。其具体的信息交互过程包括以下环节：

信息提示：从感知心理学角度讲，移动Web应用界面需要为用户提供一定的界面信息提示和视觉引导，如：提示文字、音效、导航菜单、导引地图等，或者以用户熟知的界面引导形式，使用户明确地知道自己需要做什么、可以做什么，以明确用户在移动Web系统界面中的交互体验。

信息输入：触屏、语音、传感设备，随着传感器技术的发展，高度灵敏的压力传感器、触觉传感器等，能够传输部分身体动作，使信息输入更为自然流畅。

数据交互：系统将用户通过触屏、语音、传感设备等发出的行为指令

向系统发出信息请求，系统通过后台与服务器进行信息交互并将数据通过
人机界面返回给用户，目前移动Web应用系统基本上采用异步交互的数据通
信方式，信息的传递过程形成一个动态流动的闭合回路，再加上网络通信
技术的不断发展，用户与系统和网络之间的数据交互越来越高效和便捷。

　　信息反馈：用户通过信息输入发出信息需求，并通过数据交互返回相
应的信息内容，以刷新界面的形式重新展示给用户，激发用户新一轮的信
息交互与情绪反馈。

第三章　视觉心理学相关理论研究

移动Web产品的应用与推广，是建立在用户体验研究的基础之上的。而移动Web产品用户体验过程的研究与评价来源于视觉体验、互动体验与心理体验。用户在体验中的感官、行为、情感变化都与其心理紧密相关，而在移动Web产品的用户体验过程中，视觉发挥着主导作用，同时又是基于一定心理学基础的。因此，移动Web产品的用户体验研究需要以视觉心理学的相关研究作为理论研究基础。为此，本章进行了视觉心理学相关理论研究，为本课题的研究奠定了重要的理论基础，包括计算机视觉心理学、认知心理学、审美直觉心理学、格式塔心理学的理论研究，并开展了格式塔心理学指导下的移动Web信息界面组织、信息组织结构、信息感知对象和人机交互体验的研究，为移动Web应用的信息组织和系统设计打下了重要的研究基础。

视觉心理学相关理论研究对移动Web应用的用户体验设计具有重要的指导作用：基于计算机视觉心理学的相关理论，对移动Web产品用户的视觉心理体验展开研究，指导其用户体验设计；审美直觉心理学又是用户视觉体验研究研究的重要基础理论，指导界面与系统的视觉设计；移动Web产品的界面信息组织和人机交互设计又遵循了格式塔心理学中的接近法则、相似法则、完形法则等；移动Web产品的整个用户体验过程都涉及认知心理学等。在一些特殊应用领域，一些特定类型的移动Web产品，如游戏类应用又会引发用户的沉浸式体验，而沉浸式体验又引发了心理学的全新研究领域等。

3.1　计算机视觉心理学

心理学与计算机视觉交叉融合是近年来一个重要的研究方向。计算机视觉心理学旨在借鉴人类视觉系统的感知规律来解决计算机视觉问题。计算机视觉心理学与多个学科有着紧密的联系，早在1982年，麻省理工的Marr在其著作《Vision》中从物理学、神经科学、生理学、心理学等学科出发，系统阐述了计算机视觉的理论、算法与机制，奠定了计算机视觉的基础。自1998年始，IEEE每年举行的基于知觉的计算机视觉分组（POCV），从格式塔分组定律出发，探讨计算机视觉的图像分隔与图形背景分离的方法和技术，以促进智能视觉系统研究。其目标是通过对人类视觉理解与建模，促进计算机视觉的发展。该领域的研究结合了神经科学和心理学的诸多理论，同样适用于移动网络环境下信息组织界面的视觉研究。

视觉心理是指外界视像通过视觉器官引起的心理反应，视觉心理与视觉思维是密不可分的。视觉思维体现在诸多方面，例如视觉的选择性、记忆功能等。视觉感官虽然不具备思考的功能，但能刺激人的大脑产生思维活动，帮助人们去认识和理解眼前环境。视觉心理学的任务是研究人类视觉系统的感知规律和感知特点。根据对视觉心理现象解释的不同，视觉心理学被分为五大流派：格式塔流派、推理理论流派，刺激理论流派、计算理论流派和拓扑理论流派。研究用户的视觉思维与视觉心理对Web用户界面设计与交互设计有着极其重要的意义，只有符合用户视觉心理习惯的Web用户才能带给用户良好的视觉心理感受，进而获得用户的认可。

首先，视觉心理学提出的"感官世界"的概念对Web用户视觉现象的研究具有重要的意义。视觉心理学认为，人类对世界的体验是由感官作为中介，从内部构造出来的世界表象。人类认识到的感官世界可能与客观世界大不一样。

其次，视觉心理学中研究的视觉注意对信息界面的组织构建具有重要的意义，视觉注意理论研究了人类视觉浏览的一般规律和特点，运用视觉注意规律组织Web用户界面有助于提高用户获取信息的效率，能够快速获取重要的视觉信息，使用户界面能够第一时间抓住用户的注意且提升用户的视觉信息接收效率。

视觉心理学领域的格式塔组织原理对Web用户界面的组织和交互设计具有重要的意义。格式塔心理学中的邻近性规律、相似性规律、良好连续性规律、闭合规律等对Web用户界面的组织和交互设计具有重要的参考意义，其应用将在后文详述。

此外，视觉心理学研究的运动视觉系统对移动Web用户界面的动态图形设计和交互设计具有重要的指导意义，特别是对以交互动画和运动图形为视觉元素的交互界面设计，提供了视觉心理学的研究基础。

总之，计算机视觉心理研究对Web用户视觉体验的研究以及信息系统的构建具有重要的意义，为其提供了理论参考。

虽然各个流派对视觉心理的研究角度不同，但其研究的本质现象是同一的，应用视觉心理学的相关理论研究Web用户体验中的视觉心理现象才是最终目的。而与Web用户界面认知活动直接相关的有计算机视觉心理学、审美直觉心理学、格式塔心理学等。

3.2 认知心理学

认知心理学（cognitive psychology），是20世纪50年代中期在西方兴起的一种心理学思潮。广义的认知心理学研究人类的高级心理过程，关注于包括人类的知觉、感受、思维在内的完整的认知过程。狭义的认知心理学侧重于研究信息加工的心理过程，更接近于感官心理学或视觉心理学。以信息加工机制为基础研究信息认知过程，相比于广义认知心理学，更偏向于思维性，即更为注重大脑在事物认知中的作用，而缺少了对人的主体体验性的探索。

传统认知心理学认为认知仅仅在大脑中进行，偏重以身体为中心的对所处环境的认知与相互影响。然而第二代认知科学家拉考夫（George Lakoff）和约翰森（Mark Johnson）将认知过程拓展到整个身体，提出了具身体验的概念。他认为人类对事物的认知并非来源于大脑，而是来源于身体的其他部分对大脑的信息输入，身体的经历决定了人类融入世界的体验方式。而这一理念更接近于当代的认知心理学观点。这里不得不提的是美国认知心理学家唐纳德·诺曼（Donald Arthur Norman）提出的体验分层理论，诠释了人对事物认知的三个层次，同样适用于移动Web领域。他从情感的不同水平将设计活动分为本能层面、行为层面和反思层面，强调情感对产品设计的重要影响。诺曼的体验层次理论贯穿本书的研究，为用户体验研究与设计提供了重要的理论支撑。

近年来，随着认知心理学的发展，心理学研究学者则更为关注视觉活动与认知机制的关联。这一领域的研究更多的是结合了眼动实验数据及用户心理研究得出的成果。心理学家通过眼动参数反映视觉信息的认知加工过程。这些参数包括第一次注视时间（first fixation duration）、凝视时间（gaze duration）、眼跳距离（saccade）、回扫频率（regression frequency）等。这一理论成功的将眼球活动与大脑思维和心理活动有机地联系起来。眼动如何获取信息并传达给中枢神经系统，是心理学家关注的一个重点问题。雷纳（K. Rayner）在其研究中提出，人类是通过"注视"获取视觉信息的。此外，人类的视觉认知活动是建立在信息加工的基础之上的，图文信息整合也是心理研究的热点，穆里森（Moorrison）提出了眼动控制的信息加工模型以探索视觉信息的加工整合过程。

以计算机视觉心理学和认知心理学研究为基础，移动Web用户的视觉认知过程包含着从感官到思维到心理的多重生理活动与心理活动，全程调动着用户的多感官体验与综合认知过程。认知与思维被认为是主体的主要心理活动。以视觉为例，用户对界面信息的视觉认知过程是一种自下（感官）而上（思维）的信息获取方式，视觉感官触发视觉行为，进而引发视觉思维和心理反应的过程。

3.3 审美直觉心理学

台湾学者叶嘉莹提出的"兴发感动"层次理论指出，人对事物的认知感受是一个由浅入深的过程，经历"官能之触引""情意之感动"和"感发之意趣"。可见，审美不仅仅是一种感官活动，而是由官能感知引发的情感体验、心理活动，从体验的角度来看，涵盖了感官体验、情感体验与意趣体验。审美是一种直觉，无关乎理性思考，却离不开视觉思维。这一领域较为知名的研究论著有鲁道夫·阿恩海姆（Rudolf Arnheim）的《视觉思维：审美直觉心理学》。阿恩海姆认为，人的一切思维和心理活动都是以视觉认知为前提的。视觉与听觉等感官对信息的接收与加工过程形成了视知觉，视知觉对身体以外的信息的感知与反应，有利于人们采取相应的身体反应或与之相协调相适应的身体活动，从而以感官激发行为并引发心理活动，形成对外界事物的全面认知。而传统审美中强调"距离产生美"，这也是审美直觉心理学的基本内涵。本书引用和探讨的审美直觉心理学也是建立在视觉思维基础之上的。

由普遍事物认知延伸到移动Web信息界面，用户的审美体验源于感官体验，结合叶嘉莹的"兴发感动"层次理论，移动Web用户的审美体验同样是由感官层面的视听体验，触发心理层面的情感体验，进而上升到精神层面的意趣体验。移动Web用户的感官体验来源于信息界面对感官的刺激；其情感体验则包括由感官刺激代入的信息界面体验给用户带来的联想、想象、回忆、认同和情感上的依赖；意趣美感体验同样以视觉感知材料为体验内容，但其审美体验层次是超脱于物理界面信息感知体验之外的反思与判断，是用户体验在精神层面的进一步延伸和升华。

移动Web产品用户的体验涉及认知体验活动与审美体验活动。认知体验来源于界面信息对用户感官的刺激以及引发的行动反馈与心理反应。审美体验主要来源于视觉直觉体验，即对信息界面的整体视觉直观感受以及由此引发的情感触动与精神升华。但无论是从认知体验活动还是从审美体验活动的视角展开，都是由对信息界面的外在感受引发的情绪心理的内在反应，因此其研究的落脚点是一致的。移动Web用户的审美体验包括对系统界面的感官认知、对信息系统的互动体验，以及对系统功能应用以外的感受、联想与想象等。与功能体验一样，审美体验也是移动Web产品能否吸引和抓住用户的关键。因为移动Web产品构建的信息界面与体验空间是否能给用户带来视觉上的享受，得到情感上的认同，从而产生亲近的心理和接近的欲望，都是研究审美体验的意义所在。

此外，人类的审美直觉是一种不带有理性推理的审美潜意识，这种潜意识对移动Web信息界面的构建和交互设计都有着重要的潜在影响。通过对审美体验要素的直观分析，构建符合其审美直觉的信息界面与交互系统，有助于吸引用户的潜在注意，对用户产生潜移默化的心理与情感作用。例如对简洁完美的追求是人类的本性，人们对普遍事物的审美直觉如对简洁性、和谐性、奇异性的追求，有助于构建能够第一时间抓住用户注意的Web产品信息界面；而人们对动态交互的审美直觉，如简单、快速、舒适、省力，又是构建完美人机交互的重要参考。

3.4 格式塔心理学

格式塔心理学理论由德国心理学家韦特墨（M. Wertheimer，1880~1943）、柯勒（W. kohler，1887~1967）和考夫卡（K. Koffka，1886~1941）在研究似动现象的基础上创立的。他们认为思维是整体的、有意义的知觉，而不是联结起来的表象的简单集合。认知信息的组织形式是格式塔心理学的重要研究内容，格式塔心理学提出信息组织遵循的重要法则，特别是相近、相似、封闭、简单等几大著名的完形法则。格式塔心理学认为，距离相近、形态相似、彼此相连或具有对称、规则、平滑的简单图形特征的各部分趋于组成整体。格式塔心理学揭示了人类对外界事物感知的视觉心理规律，同样适用于移动Web用户，且对移动Web产品信息界面的构建具有重要的指导意义。运用格式塔心理学对移动Web信息界面进行视觉心理研究时，可以从以下几个方面进行分析。

3.4.1 信息界面组织

格式塔心理学研究的第一个用户视觉心理特征是信息组织的"完形"法则，这对移动Web信息界面组织具有重要的启示作用。以内在的信息组织结构或规律，通过对外在的"形"（图形、图像、区域等）的组织形成完整的信息界面，格式塔心理学强调"形"的整体性由局部的连接组成，用户对界面信息元素的认知也是基于界面整体性认知的基础之上。格式塔心理学认为，人的知觉具备一种以"需要"的形式存在的"组织"倾向。当视域中的图形不太完美或不完整时，人的知觉对其进行"组织"的"需要"大大增加，而当图形较为完整、规则、均衡时，这种"需要"便得到满足。

除了信息组织形式的整体性，格式塔心理学同样强调内容的整体性。考夫卡提出，"部分之和大于整体"，例如，当我们身处某个房间时，我们看到的是房间内部的一切，而直觉上会认为这个房间就是一个整体，而当我们走出房间时发现，房间只是整个建筑环境中的一部分，只是在眼前被我们无限放大。也就是说借助于完形心理，我们通过眼前的"形"组织起事物的整体。移动Web用户同样通过界面元素去了解整体信息系统，通过图文等局部信息形式组织起对整体信息系统的认知。例如用户在信息界面的视觉接触过程中，由于图片的吸引，进而关注到与其相关的内容，再以"图"带"文"，逐渐建立起用户对界面信息系统更为完整和全面的认知，这一过程可以理解为信息界面的完形感知过程，通过对信息界面部分图形元素的感知而了解到信息界面的整体，通过局部元素的视听认知建立起完整的信息界面感知体系。

此外，格式塔心理学认为，人的知觉具备"简化"的倾向，即对简洁完美的追求，一些心理学家称之为"完形压强"。因此，用户在接触移动Web信息界面时，也预期能够获得简洁完美的界面组织形式。

借鉴格式塔心理学的完形法则与视觉感知原理，构建移动Web产品信息界面组织形式，更为符合人们的视觉感知规律，从而更为快速的获得用户较高的认同感。充分运用格式塔心理学的完形法则以及用户对信息界面的感知规律，通过对信息界面的合理组织，引导用户以"图"带"文"、以点带面，进行启发式的视觉感知与联想，通过视觉元素的完形法则组织起信息界面的认知体验，进而从整体上了解和把握产品，在此基础上开展以交互操作为基础的信息体验过程，是移动Web信息界面组织研究的目标和意义所在。

3.4.2　信息组织结构

计算机视觉心理学所探讨的格式塔组织原理（邻近、相似、良好连续、闭合）等对移动Web产品的信息结构组织具有重要的指导意义。例如格式塔理论中的相似法则是指那些互相之间离得近的成分，或在某些方面有相似之处的成分，容易被组织在一起。这对移动Web应用系统的信息组织结构具有重要的暗示意义，例如用户在信息界面的认知体验过程中，习惯于将那些具有类似形状、大小、颜色等视觉特征的信息元素组合在一起。因此在进行移动Web产品信息结构设计时将相近的元素组织在一起，便于用户的理解和认知。并在界面组织中，使用文本、颜色、图像等，可以更好地区分各个模块和内容。通过相似法则人们更容易区分一级导航与二级导航，更容易区分各页面之间的组织关系，或者是对同类信息有着更好的记忆和识别效果。这一组织原则有助于人们从系统中获取信息，能够提升Web产品用户信息认知效率。

格式塔心理学家发现，特定条件下被组织得最好最规则和最简约的视觉刺激物能够给予人愉悦的视觉心理感受，这一组织方式被称为"简约合意"的格式塔组织原则，这也是移动Web产品信息结构组织所遵循的一般性原则。

3.4.3 信息对象感知

根据格式塔理论，人对事物的认知过程是通过感官与大脑的相互协调相互作用而形成的完整的信息加工与认知过程，以视觉信息为例，通过眼睛与大脑对视觉材料的不断组织、协调、简化和统一的过程，产生出容易理解、便于记忆的视觉信息。知觉以感官为物理基础，其中视觉作为人类认识世界的第一知觉，格式塔心理学指出，人的视觉是以"形状"和"图形"作为基本单元来感知客观事物的，这些理论也被称为视觉感知的格式塔（Gestalt）原理，同样适用于移动Web信息对象的感知过程。即移动Web用户以"形状"和"图形"作为基本单元来感知信息对象，构建用户对移动Web信息界面的第一视觉印象。这与移动Web信息界面组织的完形法则也是一致的。相关研究表明，"形状""图形"等直观视觉要素，往往能够在第一时间抓住用户的视觉关注，进而引发用户对于信息界面更多的内容关注。

运用格式塔心理学提出的视觉感知原理，研究移动Web界面吸引用户视觉注意的外在特征，通过对界面重要信息元素的视觉特征设计，快速精准地抓住用户视觉注意。

3.4.4 人机交互体验

格式塔理论认为，人参与外界事物的信息活动中或与外界环境发生相互作用时，人被视为一个开放的系统，其自身行为不仅由其内在特征，而是由外在环境共同决定的。移动Web用户体验中，用户的主体思维与信息系统的相互作用共同引导着用户行为，人在与系统环境的信息互动中形成具身体验，正如Wertheimer在1924年写道，作为个体的人及其行为只是整体过程中的一部分罢了。移动Web应用的人机交互设计同样遵循了格式塔心理学中的接近法则、相似法则、完形法则等。移动Web产品信息界面通过与人的互动与信息交流建构一个完整的人机交互体系，而将人的感知和行为延伸到信息世界的体验当中。在与移动Web产品信息系统的互动中，人的感官的延伸和信息获取能力已经超越了自身，主体人的知觉与数字信息世界，相互完形，构建了一个复杂完整的体验主体。

格式塔研究的用户视觉心理的第二个基本特征是其"变调性"。"变调性"是指当一个物体的各个部分的形状、大小、位置等发生改变时，格式塔视觉原理依然存在。也就是说我们看到的某一图形元素，无论它处于系统的什么位置、变大变小或者以怎样的形式存在，用户对于这一图形元素所指代的内在含义的感知是一定的，不会因为其外在的改变而代表其他意义。这也是界面交互得以顺利展开的依据，交互不影响界面元素的结构和本质，不影响用户对产品信息界面的基本理解和判断。

此外，根据格式塔理论中的接近法则，距离的远近会影响人们对信息组织结构的判断，因为人们更倾向于将距离相近的事物组织在一起。同时距离影响人对事物本身的感知，例如一个人对一幅画的欣赏，和一个人通过交互而对电子画幅进行旋转、缩放、查看甚至进行体验的感受是完全不同的。移动Web产品界面通过与用户的信息交互实现人机融合的情境体验效果，也就是人们常说的浸入式体验。

除了以上提到的心理学研究领域对移动Web界面信息组织与用户体验研究的启示作用，在新技术新条件环境下，还引发了一些心理学的全新研究领域。例如，特定类型（如游戏）的移动Web信息界面打造的浸入式体验过程又引发了心理学的全新研究领域与研究方法，相比于传统的观察法和现场研究法，浸入式体验的研究方法为社会心理学的研究提供了实验的可能性，通过打造虚拟环境和虚拟人物进行实验性的研究。

第四章 移动Web用户视觉心理研究

视觉作为一种可以有效感知事物外在特征、形态与位置变化并能够有效传达给主体思维的感官形式，成为人类认识世界最重要的感知形式。人们通过"看"的视觉感官行为开启视觉体验。"看"这一普通的视觉行为，与视觉思维、视觉心理构成完整的视觉体验，是人们认知事物的最普遍方式。视觉感官是人眼对事物的直接感受，视觉思维是人的大脑皮质通过视网膜等结构的反射而对视觉的记忆加工过程，视觉心理是由一系列的视觉行为所引发的情感感受等，它们共同构成了人的视觉体验过程。视觉是移动Web用户认知界面的第一感官，通过视觉印象了解界面，引导交互行为，发生互动体验，触发情感体验。

4.1 屏幕视觉传播理论

屏幕作为重要的信息传播与体验媒介，早已融入了人们的生活，带给人们无限的视觉体验，也激发着人们各种各样的视觉行为。屏幕的无处不在甚至导致了我们对它的忽略，查理斯·苏库斯（Charles Soukup）说："屏幕无痕地融入我们的生活中，使其甚至变得模糊、不可见。"当代屏幕研究者卢卡斯·尹卓纳（Lucas D. Introna）和费尔南多·伊尔哈科（Fernando M. Ilharco）也提出了类似的观点："我们似乎从不把屏幕看作'屏幕'，而是倾向于关注屏幕上出现的东西。"因为人们在看屏幕的时候，往往意识不到屏幕的存在，而是更为关注屏幕上呈现的内容。因此，屏幕已发展为主客体信息融合的传播与体验媒介。

4.1.1 视觉传播理论

视觉，作为人类认识世界的重要方式，承载着信息的接受与传播，通过人内传播转换为信息认知工具，再通过人际传播转换为信息传播工具。视觉传播理论的研究对移动Web用户界面的认知、信息传播与体验有着重要的指导意义。

视觉传播以感官和主体的思维状态为载体，通过对视觉信息的传递、加工、协调与统一化处理，形成主体视觉思维的过程。视觉传播更倾向于被理解为人内传播，即人的视觉感官，结合视觉行为、视觉思维对信息的接收、加工、传递与理解的综合处理过程。视觉传播研究始于20世纪80年代，综合多元学科领域的研究方法，逐渐发展为传播学的重要分支。但与传统的传播学研究相比，视觉传播更为关注传播与身体的密切关系，涉及视觉传播过程、特点、规律及传播效果的研究。

4.1.2　屏幕视觉特征

移动网络应用以屏幕为终端，目前使用最为广泛的为手机屏幕，但随着技术的发展，屏幕的形态更为多样化和智能化，如iPad、iWatch、谷歌眼镜等多种智能屏幕的发展和应用，在便捷性、移动性、互动性方面不逊于手机屏幕，同时在特定应用领域发挥出更为显著的功能。特别是穿戴式智能设备屏幕，在切身性和具身性方面的表现更为良好。所谓具身性是现象学视角下的一个概念，我们可以理解为身体与技术的结合。由于手机屏幕是所有屏幕中最重度使用、动态变化的屏幕，且是"手眼—屏幕界面或手眼—遥控装置"的屏幕，兼具使用性、变化性、动态性、复杂性、身体贴合性等特点，也是移动Web应用的最重要硬件载体，因此本书主要以手机屏幕作为屏幕视觉传播的研究对象。

4.1.2.1　屏幕视觉功能

屏幕，作为一种典型的视觉传播工具，在结构上刺激我们感官之间的相互作用；作为一种信息媒介，为人们提供了一种认识世界的全新工具。媒介技术的发展，延伸了人的感官。麦克卢汉提出，"媒介即人的延伸"。随着屏幕越来越多地融入现实生活，我们所经历的世界也在逐渐变成一个屏幕世界；作为一种体验工具，手机屏幕为用户提供了更多更为自主的选择与操作，首先各种类型的智能手机为用户提供了更多的屏幕选择，其次通过手机屏幕的灵活操作实现更为自由的功能选择。随着触屏技术和传感技术的发展，手机屏幕操作越来越丰富灵活，滑动、点触、切换、缩放、多点触控等常规操作，结合先进的传感技术、VRAR、智能感应等UGI操作，实现更为自由灵活的界面窗口编辑与信息互动。与传统媒介相比，屏幕为用户提供了更为多彩的信息世界、双向刺激的互动体验和更多的选择。

4.1.2.2 屏幕视觉特性

作为一种视觉介质，折射出系统的视觉功能，显示出系统的视觉特性。

屏幕最根本的视觉特性为视觉显示，屏幕的视觉显示功能由硬件装置与软件系统共同完成，其中硬件装置一般为透明玻璃显示器，用于呈现软件系统的视觉信息，以软件界面的视觉操作触点激发视觉功能显现。相较于户外大屏、电脑屏幕等大型固定屏幕，手机屏幕的便携性、移动性使其成为最为普遍的具身屏幕，且随着虚拟现实、超高清视频等多媒体技术的发展，手机媒介成为融合视觉、听觉、触觉等综合感官信息的融合编码性的具身媒介。值得一提的是，现代智能手机自带的摄像机功能增强了手机屏幕的视觉功能，可以进行视觉信息的记录，编辑与分享，通过对视觉信息的记录建构自身的视觉信息体系与认知地图。手机屏幕所具备的视觉特征，对用户的视觉传播过程产生了一定的影响。

屏幕的另一大视觉特性表现为视觉传播。基于手机屏幕的视觉信息传播与信息综合体验融合了用户的具身感知，因此更为关注技术与身体相融合的传播情境与感知体验。通过屏幕将信息呈现给用户，引发视觉信息的人内传播；通过信息共享实现视觉信息的网络传播；通过跨屏分享实现视觉信息在多个空间中的共享。同时手机屏幕的视觉信息采集与发布功能使其自身成为视觉传播的源头与中介。

此外，由于技术的原因，屏幕的视觉特性还表现为视觉互动。手机屏幕的互动功能使其具备更强的具身体验性。借助于眼球追踪技术，能够实现用户视觉与屏幕信息的互动。通过捕捉眼睛的注视点和运动轨迹，与屏幕信息世界发生视觉互动，使互动体验更加真实自然。应用眼球追踪技术的移动Web产品以更加灵活、高效和精准的视觉互动有效激活和传达界面信息，实现更为自然有效的屏幕信息互动。例如谷歌推出通过眼球传感互动识别影像的谷歌眼镜，佩戴这种眼镜的用户需要通过眼球的特定转动来进行人机交互；之后，通过眼镜上的细小屏幕，用户可以获得各种增强现实手段所带来的交互功能。

4.1.3 屏幕视觉传播

随着信息技术的发展，视觉传播理论研究也在不断地发展。美国南加利福尼亚大学安妮·弗莱伯格教授认为，从眼睛到屏幕，人们的认知方式发生了重大的转变。基于手机媒介的视觉传播理论认为，手机屏幕的视觉传播意义是在其具身视觉特征的基础上构建的：手机屏幕所具备的视觉显示功能触发用户的具身视觉行为，其所具备的视觉传播与互动功能丰富了用户的具身视觉体验，构建和加强了手机屏幕的视觉传播意义。

随着社会的发展，传统的视觉传播理论已难以适应于各种新型的传播形态，特别是在以屏幕为介质的移动Web领域。移动网络用户通过屏幕触动网络空间的变化和反应，建立人与数字世界的交互关系。在此过程中，视觉在建构主客体世界中发挥着关键性的作用。屏幕视觉传播过程是在综合感官信息的刺激下，用户通过与屏幕的信息互动，引发其内在反应和综合体验的过程。可以用图4-1加以总结。屏幕视觉符号刺激视觉感官，引发用户的视觉认知过程，从对基于视觉感官的信息感知，到基于视觉行为的信息互动，再到基于视觉思维和视觉心理的信息体验，用户与屏幕之间建立起"刺激—反应—刺激"的循环过程。

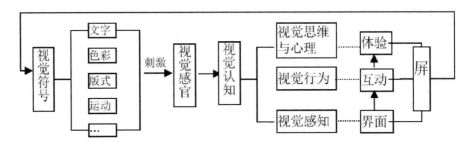

图4-1 屏幕视觉传播过程

有别于传统媒介视觉传播的单向交流与被动接收，屏幕视觉传播过程呈现出交互呈现、互动演进、无限延伸的传播形态。相比于传统的视觉传播媒介，屏幕视觉传播过程表现出更强的卷入性，即屏幕不仅吸引用户视觉的注意，而且卷入身体和身体所处的环境。身体为我们提供了关于我们所处环境的一个视点及其情境体验。

4.1.4　屏幕视觉传播的影响因素分析

应该说，影响用户屏幕视觉传播的影响因素是多方面的，包括主观因素和客观环境的影响，复杂且难以分析。这里仅从屏幕自身因素探讨手机屏幕对用户视觉传播过程产生的影响，以便在后文的视觉设计中，合理运用屏幕自身视觉特征提升用户体验。

首先是屏幕尺寸对用户视觉的影响。韩国首尔大学基姆（Ki Joon Kim）和宾夕法尼亚州立大学桑德尔（Shyam Sundar）在研究屏幕大小与接受心理的关系时发现，大屏幕更能诱导情感信任，表现出更强的感知融合性，而以智能手机为代表的小屏幕具备更好的具身视觉体验功能，表现出更好的感知移动性。

其次是手机屏幕的移动性对用户视觉的影响。手机屏幕本身具备移动传播特点，使得用户视觉很容易转移到其他空间，用户视觉表现为移动性、碎片性的特点，随时显现成为其主要存在状态。

再次是屏幕互动对用户视觉的影响。相比于传统的信息媒介，互动是手机屏幕最为显著的特点。互动对用户视觉的影响主要表现在两个方面：第一，从传统的单向信息接收转变为双向信息刺激与反应；第二，互动导致信息流动从而导致用户视觉的变化性与流动性。

最后，还有屏幕与身体的关系对用户视觉的影响。相关研究认为，用户身体与屏幕的相对关系影响用户对屏幕的视觉关注状态，进而影响用户的情感投入，表4-1反映了几种常见的位置关系对用户视觉及情感状态的影响。

表4-1　屏幕与身体的位置关系对用户视觉及情感状态的影响

屏幕与身体的位置关系	用户视觉关注	用户情感投入
坐立姿势	集中在主任务、主屏幕	相对较低
屏幕跟随身体移动	碎片化关注	居中
躺卧姿势	延长关注时间	较高

当用户身体与手机屏幕处于相对静止状态下，便于用户视觉对屏幕产生长时间较为集中的关注，但不同情境下用户的视觉状态和情感投入也有

所不同。例如白天处于坐立姿势时，用户往往处于一种工作状态或功能使用状态，此时用户注意力主要集中在功能任务的实现上；而当晚上用户处于躺卧状态时，往往处于一种放松和娱乐的状态，此时的主体投入的注意和情感较高，这是因为躺卧姿势延长了手机屏幕的显现状态，且此时用户一般处于一种身心放松的状态，能够更好地调动视觉、触觉与听觉等综合感官。而当用户在运动或走路时，手机屏幕跟随身体移动，屏幕作为移动的视窗，视觉关注更为碎片化，但与位置相关的情境视觉互动如位置识别与现场摄录、AR/VR互动等适当提升了用户的情感投入，与坐立和躺卧姿势相比，处于居中的水平。

当然，手机屏幕对用户视觉的影响还表现在其他很多方面，这里就不一一列举了。较之传统非屏幕和其他屏幕，手机屏幕不仅具有独特的具身视觉特征，且在传播层面对用户视觉过程产生重要的影响。

4.2 移动Web用户视觉心理理论研究

移动Web用户对信息界面的认知是通过视觉感知来实现的，是在视觉感知的基础上，触发视觉行为，引发视觉思维和视觉心理的过程，视觉感知活动决定了用户对信息界面的认知程度，视觉思维决定了用户对系统信息的理解程度，而视觉心理是用户在整个产品体验过程中的心理感受，体现着用户对产品体验的认同程度。

涉及用户视觉研究，不得不提的是现象学的研究方法。现象学不是一套固定的学说，而是一种用以研究主体对现象的意识和体验，通过"直接的认识"描述现象的研究方法，其概念最早来源于哲学家埃德蒙德·胡塞尔（Edmund Husserl）在《欧洲科学的危机与超越论的现象学》一书中提到的个体"直接体验的世界"。可见，现象来源于主体对其所体验的世界的认知，而非客观世界的表象或是纯粹的感官信息材料。因此，现象学的研究方法带着较强的主体性，倾向于通过主体的直接经验建构感知层面的意义。仅通过观察个体的当前经验，并试图尽可能不带偏见或不加解释地进行描述。

从视觉感知到视觉认知，从行为到视觉思维，移动Web用户视觉心理的研究更适用于现象学客观认定、直接描述的方法，即仅通过用户的个体经验客观研究和描述其内在感受与情感意识。因此，理论研究上尽可能采用基于用户经验的客观描述方法，实验研究采用基于用户体验的客观数据采集与分析方法，最为常见的有如眼动跟踪实验、头部跟踪实验、表情捕捉、心电测试等。

4.2.1 视觉感知

眼睛作为人类认知世界的第一感官，是主体认知最为重要的信息输入系统。相关研究表明，在人类从外界获取的信息中，视觉接收信息占83%以上。因此，视觉感知成为人类获取外界信息的最重要方式，成为人类认知世界的基础和前提。视觉传播理论视角下的视觉感知是受感官控制的，是负载有情感的，是认知的前提和基础。但随着媒介技术的发展，视觉感知的内涵与外延也在不断的发生变化。

西方传统视觉主义将眼睛作为认识真理的最优先工具，进入20世纪，伴随着媒介设备的发展与应用，眼睛作为最原始的认知工具，通过视觉机器得以进一步延伸与扩展，例如眼睛借助于屏幕或摄像头获取更多的外界信息。韦贝尔（Pius Weibel）认为，视觉机器提升了眼睛的认知功能，虽然眼睛在人类的所有感官中一直占有主导地位，但视觉机器的出现于技术革命，巩固并提升了这一主导地位。受到屏幕、摄像头等模拟和数字机器的支持，眼睛的视觉感知范围得到了巨大的延展，视觉感知能力得到巨大的提升，包括在信息接收（传感器+屏幕）、信息传播（屏幕+网络）和信息创造（摄像头+屏幕）方面的能力。这是技术视觉的胜利。而在智能终端、触屏媒介和传感设备大力发展的今天，基于人机互动的视觉感知能力又得到了新的诠释。

但这里值得一提的是人们经常混淆"视觉感知"与"视觉认知"概念。梅洛-庞蒂则提出视知觉的概念，他认为知觉是一种"视觉场"，调用视觉感官和身体的主观认知能力共同形成的视觉认知场域。无论是"视觉感知"或者"视觉认知"，同样离不开视觉场的概念。本书的研究中，将基于视觉场的"视知觉"过程划分为视觉感知、视觉思维和视觉心理的研究。

4.2.2 视觉行为

用户基本的视觉行为表现为不同的浏览或观看方式，其视觉行为呈现出一定的特点，且在无意识自然浏览状态下，移动Web用户视线移动往往遵循着一定的规律，掌握了移动Web用户的基本视觉规律，才可能通过有效的视觉设计方法和引导方式，对用户视觉产生一定的引导，达到有意传播信息和有效传播信息的目的。

4.2.2.1 基本视觉行为

"看"作为一种普遍存在的视觉行为，在移动Web产品用户体验中，发挥着主导作用。眼睛，作为视觉行为的执行客体，在大脑的控制下，完成基本的视觉动作，并整合为视觉思维。

1. 注视

外部的视觉信息刺激会引发一系列的眼球活动，其中"注视"是获取信息的最准确有效方式。"注视"是用户为了获取准确信息而在视觉对象上的停留，典型的"注视"一般持续200-300毫秒。移动Web用户在获取视觉信息时，其注视时间受信息内容、形式、特征的影响，例如，图像内容的注视时长可能会高于文本内容，而静态内容的注视时长可能会高于动态内容等。

2. 眼跳

"眼跳"反映的是视觉在信息对象之间的快速移动，一般持续30-50毫秒。眼动随动技术研究表明，用户只有在"注视"状态下才能获取信息，"眼跳"状态下是无法获取信息的。这是因为"眼跳"时会发生"眼跳抑制（saccadic suppression）"现象，此时人的视觉敏感度降低，对信息的认知不够明确清晰，而是一闪而过的瞬间感知。

3. 凝视

"凝视"是指视觉在特定区域较长停留的时间，其时间长度是指人的视觉从第一个信息对象转移到第二个信息对象之前的注视时间总和，其间可能包含若干"注视"与"眼跳"。凝视时间反映了用户的兴趣区域，往往体现了用户感兴趣的内容。

4. 回扫

"回扫"是指用户在注视了新的信息对象之后，又返回注视之间注视过的信息对象的过程，回扫有助于信息的加强记忆和联系理解。回扫的信息对象往往是更为有用的信息，研究表明，当一个信息对象需要回扫时，其注视时间往往长于那些不需要回扫的信息对象。

以上研究表明，基本的视觉行为共同构成了移动Web用户的视觉信息获取过程。我们可以这么理解，"注视"和"眼跳"用于切换对信息对象的关注，而凝视区域则反映了用户的兴趣区域，回扫凸显了用户更为关注的重点信息。但是在不同的信息获取情境下，基本视觉行为组合表现为特定的视觉行为过程，如视觉注意、视觉搜索、视觉浏览等。

4.2.2.2　视觉注意

相关研究表明，用户在无意识情形下对界面内容的关注表现为视觉注意。视觉注意指的是人的视觉会过多地"关注"于场景中令人感兴趣的区域，而忽略环境中的其余部分的一种视觉特性。由于视觉注意具有较强的随机性与转瞬即逝的特点，常规的视觉观察手段已无法满足其研究需要，眼动跟踪实验成为精确和科学研究视觉注意最有力的方式。早在1967年，Yabus通过眼动跟踪实验发现，视觉注意对视觉传播效果产生一定的影响。根据用户视觉注意的研究，用户会在第一时间关注到界面中的显著特征，如显著的颜色、大小、位置、运动等。Solso&Maclin研究了视觉注意对客体特征（大小、颜色、方向、运动等）的处理过程。差异的颜色、大小、位置、运动等显著视觉特征有助于用户视觉注意对信息目标的关注。

4.2.2.3　视觉搜索与视觉浏览

移动Web用户对界面信息的视觉关注往往有主动关注和被动关注两种情形，主动关注是指用户带着较为明确的信息需求和任务目标而发起的界面视觉信息搜寻，具体表现为视觉感官在视觉思维的引导和控制下，通过视觉感官展开对界面信息的有意搜寻；被动关注是指用户在没有明确信息需求的情况下对界面信息的随意浏览。相比之下，"主动关注"状态下用户视觉表现出更为强烈的主体意识，而"被动关注"状态下用户更容易受到界面视觉信息的引导。而视觉设计往往在用户"被动关注"的情形下发挥着更大的作用，通过对界面元素视觉特征的强弱对比，引导用户关注产品发布者更想让他们看到的内容，是移动应用界面视觉设计的依据和目标所在。

具体到用户的视觉行为，主要表现为视觉搜索和视觉浏览这两种不同的信息获取方式。从信息的处理和加工方式来看，视觉搜索是由大脑发出信息搜寻指令，由眼球完成视觉信息查寻活动，再将接受到的视觉信息反馈给大脑，不断判断甄别的过程，当大脑获取到正确信息时，则会控制眼球形成重点关注的注视区域。而视觉浏览是由眼球引发的被动关注，直接将眼球接收到的信息传递给大脑进行编码、加工和处理，大脑对接收到的信息具有一定的选择性，从而形成不同程度关注的注视区域。图4-2显示了视觉浏览与视觉搜索行为的视觉感知过程。

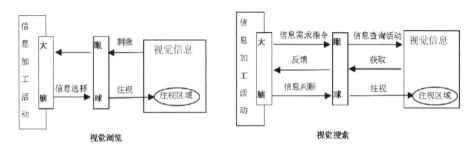

图4-2　视觉浏览与视觉搜索的信息加工过程

在这两种不同的视觉行为方式下，视觉活动的相关指标也表现出显著的差异。如"注视"和"眼跳"的分布有所差异，视觉搜索中视线移动更为快速频繁，"眼跳"密度加大，在信息未被发现之前，"注视"被高度压缩，而视觉浏览时，视线移动较为平缓，"眼跳"与"注视"的分布更加均匀一些。且两种阅读方式的视线移动规律也有所不同。美国著名网站工程师雅各布（N.Jakob）通过对200多名网络用户开展用户视觉行为调查与研究，得出了网络用户的视觉浏览行为遵循从上到下，从左到右的F型视觉浏览规律。而视觉搜索的视线移动更为随机，不存在明显的规律。

综合以上分析，对移动终端文本阅读的视觉行为加以总结，其基本的视觉行为有"注视""眼跳""凝视""回扫"，由基本的视觉行为构成了主要的阅读活动：视觉浏览与视觉搜索。二者有着较为明显的差异，具体见表4-2。

表4-2　视觉搜索与世界浏览差异分析

	引发器官	"注视"与"眼跳"	信息查询方式	视觉认知方式	视线移动规律
视觉搜索	大脑	"眼跳"凸显	主动查询	自上而下	F型浏览规律
视觉浏览	眼球	分布相对均匀	被动接收	自下而上	无规律

4.2.3　视觉思维

虽然视觉信息是由视觉接收的，但感知、分析和接受信息的是大脑。通过视觉感官获取的信息经过大脑的加工而形成视觉思维。视觉感官来源于外部信息对眼球的刺激，视觉思维则是通过大脑皮质对不同信息对象的编码、处理和加工而形成的。视觉思维是人脑对视觉器官接收信息的处理加工过程，人对事物的认知活动是事物的各个部分在大脑力场中相互作用，达到一种有机的融合。人对事物的视觉认知过程中，视觉与思维总是相互作用的，因此，视觉是有选择性的，观看者的注意力总是指向其最感兴趣的内容。再者，人的视觉思维是自上而下的（或者说，先有普遍，后有个别，先有整体，后有部分），因此用户界面的组织形式也是要符合这一视觉规律的。视觉的记忆功能是指个体对视觉经验的识记、保持和再现的能力，这也是用户在移动Web产品体验过后能够在反思层面上进一步认知系统的基础。

4.2.4　视觉心理

移动Web用户的视觉体验是由视觉感官引发视觉行为，进而触发视觉思维和视觉心理的体验过程。用户在体验中的感官、行为、情感变化都与其心理紧密相关，因此，对于Web用户体验的研究是基于一定心理学基础的。根据计算机视觉心理学的相关研究，视觉刺激触发心理活动，不同的视觉印象带给用户不同的心理感受。例如，水平线带给人平衡稳定的心理感受，而垂直线带给人严肃和分割的心理感受。

移动Web应用界面的视觉元素同样会带给用户一定的心理感受。例如在用户界面设计中，绿色带给人清新、活力的心理感受；大面积的留白也给人以比较简单的观感设计，排除冗余因素的干扰，操作也会更加直观，带给用户轻松舒适的心理感受；常用的直线分割带给人平衡感；而大面积的出血图又会带给用户广阔舒展的心理感受等。

4.3　移动Web用户视觉心理的眼动实验研究

在以上理论研究的基础之上，通过眼动实验研究进一步分析了移动Web用户的视觉行为过程和视觉心理特点，为移动Web用户的视觉心理研究提供了科学准确的研究方法和数据支持，为基于视觉心理模型的移动Web用户体验设计提供了充分的实验依据。

4.3.1　眼动实验方法

技术研究领域，对用户视觉感知与行为特点的研究主要是基于对用户体验客观数据的采集与分析而开展的，例如通过对用户视觉体验时的眼动、头部动作、表情、心电、皮肤等状态数据的采集与分析，探析用户的视觉与心理状态。而此类实验研究往往需要抽取一定数量的被试人群，借助高精度仪器和数据处理软件开展综合实验，例如通过高精度摄录仪器采集用户关注屏幕时的眼动、表情或身体状态信息，并借助于各种智能传感技术和数据处理技术分析用户的视觉行为和心理状态。

其中眼动实验是视觉研究领域较为常用的实验手段。每一次"眼动"都是人的思维活动和心理活动的本能反应。通过眼动追踪，可以较为准确地了解用户的视觉心理状态，眼动追踪仪连接数据分析软件，通过摄录、采集和分析用户的视觉行为状态，了解用户具体的视觉行为，例如用户较为关注的内容、对相关内容关注的程度和频次、关注某一主题的用户比例、信息元素的形态与位置所达到的视觉效果等。

也是基于这一点，传感器通过捕获人的"眼动"来判断人的思想意识活动，视觉研究领域通过"眼动"相关数据来研究用户视觉心理活动。例如，可以通过"注视""眼跳""凝视"等时长视觉结合眼动轨迹研究用户的视觉行为，利用眼动轨迹图研究用户的视线轨迹，利用热点图研究用户的视觉注意情况和兴趣区域。而视觉行为中的瞳孔变化能够反映用户的心理状态。瞳孔反应研究认为，瞳孔直径大小反映了用户心理紧张或刺激程度，瞳孔的大小变化与用户操作时的心理状态和情感反应紧密相关，往往反映了用户交互操作时的心理压力、紧张程度、兴趣程度等。因此可以通过瞳孔反应的相关数据科学准确地研究用户的心理与情感状态。

为了进一步研究移动Web用户的视觉心理特点与习惯，开展眼动实验，通过记录眼球的运动轨迹来分析被试者的视觉认知过程。通过对不同任务环境下被试的眼动轨迹、注视等相关结果的对比研究，进一步验证和分析不同视觉行为方式下的视觉表现，进而研究其内在的信息认知过程和心理活动。为了简化研究变量，以文本信息材料为例，开展移动Web信息获取过程中的眼动实验研究。

4.3.2　被试

被试对象为抽取的大一到大四的在校大学生，色觉正常，均为右利手，母语为汉语，均能熟练使用手机屏幕，此前没有做过此类实验。通过视力测试和知识点阅读测试，挑选出裸眼或矫正视力5.0以上，且专注力和阅读理解能力较好的36名同学，包括16名女生和20名男生。年龄在19–23岁之间（平均值x = 21.0，标准差 s = 1.26）。

4.3.3　视觉信息材料

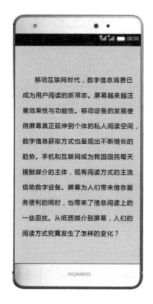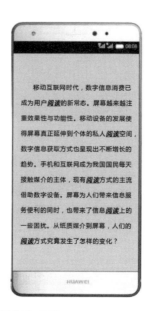

图4-3　阅读材料及任务设计

本实验采用的视觉信息材料为呈现在5.5英寸1920x1080屏幕黑白色边框的华为mate S手机屏幕上的文本信息材料，界面设计及交互设计采用Axure RP原型设计工具，将设计好的界面内容发布到手机终端，并随机选取5名进行测试，以确保界面显示、交互操作和用户体验的舒适性。信息内容为一段不包含数字及典型词汇的普通文字内容，如图4-3所示。文本显示采用安卓（Android）系统常用的20号微软雅黑字体，且为了生成更为便于观察的热点图，采取2.5倍行距。这一段文本中含有5个"阅读"词语，且不含有其他含"阅"或含"读"字的词语。

4.3.4　实验器材

本研究采用120Hz的SIM RED眼动仪。将眼动仪连接到15.6英寸的DELL笔记本电脑，64位Windows7操作系统，模拟手机屏幕进行移动Web界面信息获取的视觉行为实验，并获取相关实验数据。

4.3.5　实验过程

将36名被试分为两组，每组含女生8名，男生10名，分别按照不同要求完成图4-3（左）屏幕中的文本信息阅读。第一组进行视觉浏览模式下的视觉行为实验，被试要求按照正常的网络视觉浏览习惯进行自上而下、从左到右的阅读，浏览完全部内容时阅读结束；第二组进行视觉搜索模式下的视觉行为实验，被试带着搜索任务进行阅读，要求其找出这一段文字中的5个"阅读"词语，并用鼠标轻点标记一下，标记后的词语显示为"加粗倾斜带下画线"字体，如图4-3（右），当5个词语标记完成，阅读结束。对视觉信息获取过程中的注视点、眼动轨迹、完成时间等加以记录和分析，数据分析与处理采用SPSS工具。

4.3.6　实验结果分析

被试完成实验后，对其相关的眼动数据加以整理，并导出相应的热点图与轨迹图。其中注视点、注视时长、瞳孔直径等数据（平均值）如表4-3所示。

表4-3　两种阅读方式下的眼动实验相关数据

	注视点平均时长（秒）	注视点个数（个）	注视总时间（秒）	瞳孔直径（毫米）
视觉浏览模式	0.154	68.32	29.17	3.79
视觉搜索模式	0.182	32.24	15.41	3.87

1．基本视觉分析

实验过程中，设置注视点为停留时间超过100ms，停留面积不大于1°×1°的注视区域。图4-4和图4-5分别展示了两种视觉行为方式下的热点图与眼动轨迹图。其中热点图是从每组被试中随机抽取3名女生和3名男生，将其注视点叠加而生成的，图4-4左为视觉浏览叠加热点图，图4-4右为视觉搜索叠加热点图。没有选择更多人数的被试进行注视点的叠加是因为文本视觉信息获取过程中的注视点较为细密，过度叠加则会使注视点的呈现规律不明显，而单独被试的热点图又不具有充分的代表性。眼动轨迹图为分别从两组被试中抽取的较为有代表性的眼动轨迹图，其中图4-5左为视觉浏览眼动轨迹图，而图4-5右为视觉搜索眼动轨迹图。

根据热点图和眼动轨迹图，从注视、眼跳、回扫、凝视等方面对两种视觉模式进行对比和分析：①视觉浏览模式下的注视点分布更为均匀一些，注视点平均时长相对较短，说明用户对于不同文本词汇的注视时长差异相对较小，且对阅读内容的关注更为浅略一些；②视觉搜索模式下的平均眼跳距离更大一些，此时用户的视觉活跃度更高一些；③两种视觉行为模式下，对重点关注或难以理解的信息都会产生一定的回扫；④视觉浏览模式下的注视点更为分散一些，没有形成数量明显的凝视区域，而视觉搜索式下的文本信息获取其视觉注意相对随意和集中，兴趣区域才会形成较为明显的凝视区域。

此外，从信息获取视觉行为的整体过程来看，视觉浏览用户视觉对文本信息的关注时强时弱，但整体上是信息浏览的全覆盖，部分词汇可能引起用户较多的关注，但整体差异不是很明显。视觉搜索方式下的信息阅读，在兴趣区域会形成较长时间的凝视区域，且其他区域信息的注视时长较为不稳定。从以上的分析可以看出，用户的视觉行为与其信息需求密切相关，可见反思层面的思维反应和心理活动直接影响和控制着感官层面的眼球活动。

图4-4　视觉浏览与视觉搜索热点图（叠加）　图4-5　视觉浏览与视觉搜索眼动轨迹图

2．眼动轨迹分析

对两组被试的眼动轨迹图进行观察和分析。从两种视觉行为方式的眼动轨迹图可以看出，视觉浏览项目的眼动轨迹大体上遵循一定的视线移动规律，即从上到，从左到右的视觉浏览规律。少数难以理解或重点文本信息会产生回扫，但整体视觉规律较为符合屏幕环境下用户视觉浏览规律。

视觉搜索项目的用户的眼动轨迹没有明显的规律，其视线移动较为随机，每一位被试的眼动轨迹都有着较大的差异。搜索任务区域会产生反复注视和回扫，眼动轨迹更为凌乱。

3．视觉心理分析

眼动实验中的注视点平均时长和瞳孔直径反映了用户的心理状态，注视点平均时长往往反映了用户视觉信息的加工程度。注视点平均时间越长，则用户视觉对信息的加工程度越深。此外，瞳孔直径越大，用户的心理负担越大，对信息认知活动的眼球控制越强。从表4-3中的实验数据可以看到，视觉搜索模式下用户的平均注视时长和平均瞳孔直径均高于用户浏览模式，这说明了视觉搜索模式下用户的认知负荷和心理负担更大，用户的思维状态和心理活动对眼球活动有着较强的控制。

结合诺曼的体验分层理论，反思层的思维活动影响了本能层面的视觉感官活动，这是以大脑为主导的自上而下的信息活动。相反，视觉浏览是在没有明确信息需求目标下漫无目的的浏览，是以眼球为主导的自下而上的信息活动，此时用户对信息的接收更为被动，用户心理则更为轻松，思维活动对用户感官活动的影响也相对较弱。

以上实验结果较为清晰地呈现了视觉浏览和视觉搜索的视觉行为和心理特点：①视觉行为角度，视觉浏览模式下的视线相对均匀和分散，且眼动轨迹展现出从上到下、从左到右的视觉浏览规律；视觉搜索模式下用户的视线较为随机和凌乱，不存在显著的规律性，任务信息周边会产生较为明显的凝视区域，而非重点信息则受到相对的忽略。②视觉心理角度，表4-3中的注视点平均时长和平均瞳孔直径表明，视觉浏览模式下的认知负荷和心理负荷较小，是一种轻松而漫无目的的阅读状态。视觉搜索模式下的认知负荷和心理负荷较大，是一种紧张而高效的信息搜索的阅读状态。

以上在用户视觉心理理论研究的基础上，开展眼动实验进一步研究用户视觉行为规律与心理特点，但受限于实验条件及开展用户调研的群体范围的限制，眼动实验对移动Web用户视觉行为及心理特点方面的研究还不够全面、深入，有待于进一步改进实验条件、实验内容及实验范围。

4.4　移动Web用户视觉心理模型

基于用户视觉心理研究与用户体验研究，构建移动Web用户的视觉心理模型，更加适用于移动Web用户体验设计。

4.4.1　用户体验需求层次

用户需求是用户体验的动因，只有满足用户需求才能达到良好的用户体验效果。同样结合诺曼普遍体验分层理论来理解移动Web用户的需求体验形式：本能层的主要需求体验形式为外在信息组织形式；行为层的主要需求体验形式为使用乐趣和效率；反思层的主要需求体验形式为精神层面的自我满足与升华。

对应于认知体验的三个层次：本能层面上，移动Web产品的主要需求体验形式表现为对信息界面组织形式的视觉审美需求；行为层面上，移动Web产品的主要需求体验形式表现为对产品信息功能和交互体验功能的需求；而反思层面上，移动Web产品的主要需求体验形式表现为来自于产品体验的情感认同需求。移动Web用户需求同样符合自上而下、层层深入的需求层次关系，用户对于移动Web产品的体验需求从信息界面的感官审美需求，到产品交互过程中的功能需求，再到产品体验过程中的心理和情感需求，是一个完整且层层深入的需求体验过程，因个体而差异，又具备一定的普遍规律。

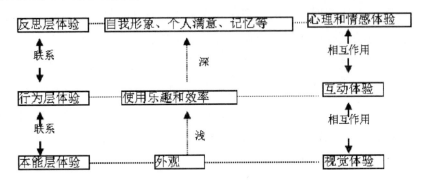

图4-6 移动Web用户需求层次

4.2.2 用户视觉心理模型

移动Web用户视觉心理的理论研究和眼动实验研究为用视觉心理模型的构建提供了理论和实验研究的基础。同时结合移动Web用户体验需求层次，构建的移动Web用户视觉心理模型，如图4-7所示。移动Web用户体验设计只有尽可能追求系统模型与用户视觉心理模型的统一，才能够设计开发出真正符合用户功能需求、行为习惯和情感体验需求的移动Web产品。

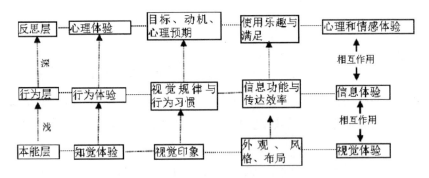

图4-7 移动Web用户视觉心理模型

移动Web用户视觉心理模型反映的是从本能层的视觉感知，到行为层的视觉行为，再到反思层的视觉思维和视觉心理，是由浅入深，层层深入的体验过程。对应到产品体验过程，则是从产品的视觉印象，到产品信息功能与传达效率的实现，进而满足了用户的使用需求，达到其使用预期与乐趣。知觉体验层面上，用户对移动Web产品的第一视觉印象来源于信息界面，外观的美丑、风格是否喜欢、布局是否符合视觉习惯等，是吸引用户体验的首要环节，根据格式塔心理学对人的知觉的剖析，用户倾向于追求简洁完美的信息界面；而来自于用户视觉心理的"完形压力"以及根据"需求"组织信息的倾向，用户更乐于看到均衡完整的信息界面；行为体验层面上，界面信息的组织形式是否符合其视觉规律与行为习惯，是否能够有效引导用户开展进一步的信息交互体验，是持续抓住用户体验的重要环节；心理体验层面上，深入挖掘用户的目标、动机与心理预期，满足其使用目的与乐趣，实现良好的心理与情感体验，是吸引用户再次体验，建立用户黏性的目标环节。

遵循用户视觉与心理模型的用户体验，是从视觉体验到信息功能体验，再到心理情感体验的层层深入的过程，并且各个层次的用户体验不是孤立割裂，而是相互作用，融为一体的。例如，产品外观的视觉体验激发用户视觉行为，进而实现信息交流的体验过程，移动Web产品的使用与满足，带来良好的心理和情感体验，引发用户持续体验的意愿，形成用户黏性，引发新一轮的从视觉体验到信息体验到心理情感体验的过程。

第五章　基于用户需求与习惯的系统功能设计

用户研究是移动Web产品用户体验设计的基础，涵盖以产品功能实现为目标的用户需求与用户习惯研究，以及以情感体验为目标的用户视觉心理研究。其研究过程与方法有所差异。用户需求与用户习惯研究的一般过程有市场调研、用户群体分析、个体研究、数据挖掘等；而用户视觉心理研究更加依赖于实验研究，如眼动实验、心理测试等。

在移动Web用户需求与用户习惯研究的基础之上，开展的系统功能设计与用户体验研究，才具备用户推广的基础。符合用户体验需求与行为习惯的移动Web用户体验设计才能真正为用户所接受，得到用户群体的认同，产生持续的用户黏性。以用户为中心的产品设计理念指出，用户体验是移动Web产品设计的核心。能否了解和掌握用户视觉心理和行为习惯，把握用户体验需求与设计方法，是当今Web产品能否受到用户市场广泛认可与接受，具备市场竞争力的关键因素。也就是说，移动Web产品在满足用户需求、符合用户习惯的前提下，才能带来良好的用户体验，进而产生较高的用户黏性，才能吸引用户的持续关注与参与。

5.1　移动Web产品用户研究方法

用户需求的确认是十分复杂的，因为用户群体之间存在着较大的差异性，因此必须开展用户调研，通过问卷调查与行为观察，了解用户需要什么，同时能帮助设计人员更好地确定这些需求的优先级。一些研究方法适用于搜集用户的普遍需求信息，调查问卷、用户访谈、焦点小组等；而另一些研究方法则更适用于理解具体的用户行为及表现，如用户测试或现场调查。但无论是较为传统的调查问卷、面对面访谈、网络调查，还是以先进技术为支撑的智能数据抓取、数据挖掘等，都是构成开展用户调研的综合手段。用户需求调查更多地来源于用户的实际需求，因此以访谈和网络调查为主导；而用户习惯研究多来源于用户在不知觉情况下产生的用户行为与用户数据，例如个人基本信息、检索记录、浏览次数、操作时长等，可以采用用户数据采集、智能数据抓取等更为先进的大数据挖掘技术。

5.1.1　用户调研

用户调研是用户研究最基础的工作，也是一项精细化的烦琐的工作，需要结合定性与定量研究的方法，用于掌握用户群体的客观真实状态和主观心理状态，全面分析和准确把握用户需求。其中较为传统的用户调研方法主要通过问卷调查与系统反馈等搜集用户相关数据，然而随着网络信息技术的发展，借助于大数据技术进行用户数据挖掘是时下较为精准和高效的用户调研手段。传统的调研方式需要针对用户群体设计精细化的问题并展开调研，得出分析结果。用户大数据调研则是根据用户在网络上的行为搜集用户数据并进行分析。现在多以更为直观的信息可视化手段呈现调查结果，以便设计开发人员更为直观地了解用户群体情况。

用户调研涵盖与用户相关的多个方面的调查，用户调研结果作为移动Web信息界面设计、系统设计与用户体验设计的重要参考，具备客观性、准确性、现实性。例如，目标用户人群结构特点影响着移动Web应用界面的风格设计；目标用户群体的信息需求决定了移动Web应用界面的信息组织形式；而目标用户群体的功能需求决定了移动Web应用界面的系统功能模块设计与信息系统组织结构。

5.1.1.1　用户群体调查

用户群体调查是指针对用户群体自身展开的调查，如用户群体的年龄结构、性别结构、地缘结构等。以"女鞋"移动电商平台应用为例，设计问卷，对目标用户群体展开调查与分析：

问题1　针对用户群体年龄结构统计如图5-1所示：由统岁计数据可看出大部分女性的年龄为19-23岁；其次是0-18岁的女性；49-60岁以及60岁以上的女性占比为0%。

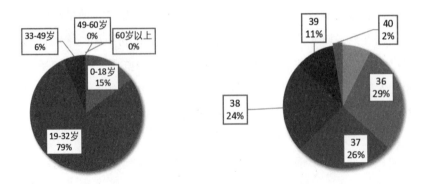

图5-1 用户群体年龄结构调查统计 图5-2 用户群体鞋码尺寸调查统计

问题2 针对用户群体的鞋码尺寸统计如图5-2所示：由统计数据得出，大多数女性的鞋码为36、37、38，而鞋码为40以上的女性寥寥无几。

问题3 针对用户群体购鞋频率统计如图5-3所示：由统计数据可以得出，女鞋需求量大，大多数女性都是一个季度换一次鞋。

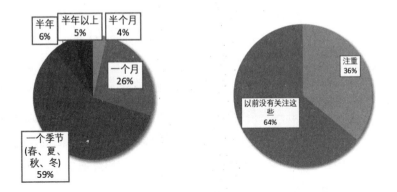

图5-3 用户群体购买频率调查统计 图5-4 用户群体是否注重鞋型影响的调查统计

问题4 针对用户群体是否注重鞋型对腿型、脚型的影响统计如图5-4所示：由统计数据可以得出，大多数人没有关注过鞋子对腿型和脚型的影响。

还有其他的很多问题此处就不一一列举了。通过用户群体调查，了解到"女鞋"移动电商平台的目标用户的大体情况为：18-32左右的女性用户，她们的鞋码为35-38之间，一般每三个月买一次鞋子，依据季节的变化。能接受的价位在200-1000左右。

由用户群体调查的结果了解到用户群体的基本特征、人群结构特点等，以确定移动Web应用的界面风格，例如，针对女性和男性用户群体、针对老年人和中青年用户群体，以及针对学生和社会群体的移动电商平台在风格设计上大有不同，这是由目标用户群体的人群结构决定的，以目标用户群体的调查结果为参考。

5.1.1.2　信息需求调查

下面同样以"女鞋"移动电商平台为例，继续开展针对女性用户群体的信息需求调查。与目标用户人群调查不同，信息需求调查更为关注用户具体需要的内容。例如电商平台，其用户群体的核心诉求是对商品和服务内容的需求。围绕电商平台的商品和服务，有针对性地设计问题并开展网络调查，以了解用户群体的信息需求。针对"女鞋"移动电商平台开展目标用户群体的信息需求调查，表面上获取的是用户对商品的需求，实际上反映了用户的信息需求，即用户更为关注什么样的内容。调查与结果反馈如下：

问题1　针对用户群体对商品的关注要点调查统计如图5-5所示：由统计数据可以得出，目标用户群体更注重流行元素、舒适度，对新品，代言并不是那么注重。

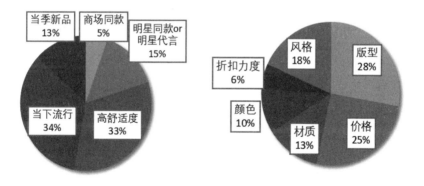

图5-5　用户群体关注要点调查统计　图5-6　用户群体关注商品内容的调查统计

问题2　针对用户群体对商品内容的关注要点调查统计如图5-6所示：由统计数据可以得出，目标用户群体更为注重商品内容的是价格、版型、风格。

问题3　针对用户群体购买鞋型的调查统计如图5-7所示：调查数据显示，目标用户人群购买最多的依次是运动鞋、帆布鞋、篮球鞋、平底鞋；

购买比较少的是乐福鞋、靴子、高跟鞋、篮球鞋。

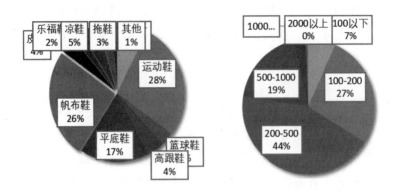

图5-7　用户群体关注商品内容的调查统计　图5-8　用户群体可接受价位的调查统计

问题4　针对目标用户群体可接受价位的调查统计如图5-8所示：调查结果显示，目标用户能接受价格的主要范围在100-200元、200-500元、500-1000元之间。

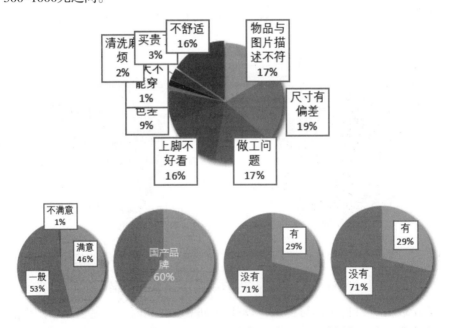

问题5　目标用户群体对网购鞋的满意程度：调查结果显示，满意和一般各占50%。

问题6　目标用户群体对国产品牌的偏爱程度：调查结果显示，目标用户更偏爱国产品牌。

问题7　目标用户群体买鞋时是否有固定的品牌：调查结果显示，大部分人买鞋子没有固定的品牌，所以在分类中可以按照风格，鞋型分类。

问题8　退货原因调查：调查结果显示，虽然退货的原因各种各样，但绝大多数原因在于外观、尺寸、质量的问题。

还有其他很多细节问题的调查，此处就不一一列举了。信息需求调查结果反映了目标用户群体需要和关注的内容，如她们喜欢的是美观，舒适，脚感舒服的鞋子，会在乎鞋子与衣物的搭配，对网购满意度不高，认为尺码不准确，图片与实物不符是网购买鞋的主要不足之处。她们买得最多的是运动鞋与休闲鞋，反而高跟鞋很少穿。

作为电商平台，用户对商品本身特点的选择倾向反映了用户的信息需求。用户的信息需求决定了移动Web应用界面的信息组织结构与形式。根据调查结果，将目标用户群体更为注重的内容凸显于界面重要位置，将多数人更喜欢的款式、鞋型、价位等信息置于界面突出位置显示，以吸引更多的用户关注，以达到引流的目的。

5.1.1.3　功能需求调查

功能需求调查指的是用户对移动Web应用系统的使用需求，更多涉及应用产品的系统功能，如能够通过应用系统实现商品的购买、支付、收藏、分享等功能。移动Web应用根据用户的功能需求设置功能模块，完成用户的各项功能需求。

信息需求调查主要面向用户群体，功能需求调查则是在用户调查的基础上，面向移动Web应用系统展开功能需求分析，最终确定移动Web应用产品的各项功能。因此，在应用系统发布前后，功能需求调查持续进行的，以实现对移动Web应用系统的持续改进。其具体的调查方法除了以上的网络调查、用户访谈，还要结合用户体验测试，通过体验环节对系统功能提出新的要求，以实现系统功能的持续改进。

然而用户群体调查的内容是分散的，为了组织起用户群体调查的各种细节信息，还需要创建用户模型，即代表着不同用户群体的虚拟人物，也叫用户画像。同样以"女鞋"移动电商平台为例，根据用户群体调查结果，创建不同的用户画像，如图5-9、5-10、5-11所示。建立用户画像能够帮助我们更好地了解用户需求，且能够在设计过程中随时将角色模型代入应用场景，进行产品使用分析。

用户一：唐雨，宝妈一枚，日常就是带娃。关键词：宝妈、美观、佛系。

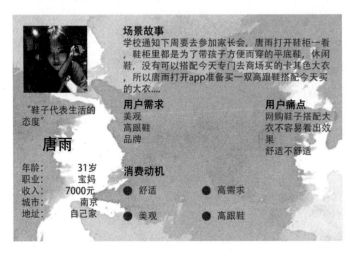

图5-9　用户画像1

用户二：安然，大一学生，日常就是学习。关键词：学生、学习。

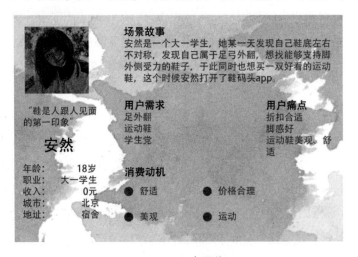

图5-10　用户画像2

用户三：钱心，28岁上班族，日常就是运动。关键词：运动、撸铁。

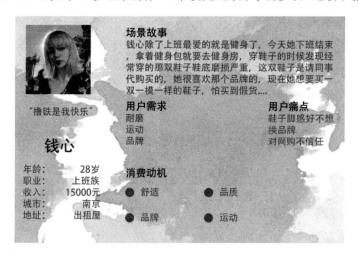

场景故事
钱心除了上班最爱的就是健身了，今天她下班结束，拿着健身包就要去健身房，穿鞋子的时候发现经常穿的那双鞋子鞋底磨损严重，这双鞋子是请同事代购买的，她很喜欢那个品牌，现在她想要买一双一模一样的鞋子，怕买到假货……

用户需求
耐磨
运动
品牌

用户痛点
鞋子脚感好不想换品牌
对网购不信任

"撸铁是我快乐"

钱心

年龄： 28岁
职业： 上班族
收入： 15000元
城市： 南京
地址： 出租屋

消费动机
● 舒适　　　　● 品质
● 品牌　　　　● 运动

图5-11　用户画像3

5.1.2　用户测试与反馈

用户测试与反馈是移动Web用户体验效果研究的重要方法，也是用户研究的重要方法。用户测试可以对产品本身进行测试，也可以对产品的原型进行测试，产品原型可以是高保真交互原型或用脚本实现的模拟界面。通过用体验测试与反馈判断移动Web产品设计的成功与否、存在的问题、需要改进的地方，也从侧面反映了用户的体验要素、实际需求、产品设计与用户需求的匹配度。当产品设计不符合用户要求或存在系统bug时，通过用户测试与反馈解决系统设计中存在的问题。

一些设计人员将移动Web产品发布后的测试称之为"用户接受度测试"，并认为用户测试是确保良好用户体验的重要手段。但不管创建什么样的用户体验，最大的挑战是"比用户自己更了解用户"，用户测试提供了准确了解用户需求与习惯的有效方法。用户测试时需要确定关键的测试主题，而不是用一些不相关的内容把测试过程搞得更复杂，例如与导航所用的词汇相比，导航本身的视觉引导性和易用性则是更为关键的问题。

在用户测试的基础上进行用户评价。用户评价是从用户的角度对产品的界面设计、使用功能、满意度等进行评价，能够较为客观准确地反映产品的使用效能和体验价值。可以通过口头调查了解用户对产品体验的态度，也可以将评价机制纳入系统功能中，通过统计用户选项了解用户功能使用的具体数据，或以直观图的形式反映用户体验的实际状况，通过多种途径收集到定性和定量的用户评价指标，用以作为产品功能体验持续改进的客观依据。

5.1.3 用户心理研究

移动Web用户与系统的交互过程掺杂着复杂的情感和心理活动，这种情感和心理活动同时影响着用户的交互行为。用户心理活动贯穿着移动Web产品的使用过程，决定了移动Web产品的体验效果。可以说，精准把握用户心理，产品设计就成功了一半，因为人对事物的选择往往是由客观需求和主观情感决定的，伴随着用户心理活动。

用户在人机交互过程中的心理和情感状态，可以通过人的眼球、表情、动作及身体状态表现出来，用户心理研究的方法正是借助于相应的捕捉和分析工具，通过对身体状态指标的分析和研究，进而了解用户的内在心理活动和情感反应。例如通过某些仪器设备捕捉能够反映用户心理变化的身体状态指标，常用的有表情捕捉，皮肤传导、心率测试、眼动追踪、瞳孔反应研究等。其中，表情是用户心理状态最为显著的外在表现，因此，较为常用的有通过表情捕捉或瞳孔反应研究用户的心理和情感状态，此外，皮肤传导和心率测试也可以反映用户的心理状态，相关研究表明，当用户在进行良好的用户体验时，会展现出满意、愉悦、放松的表情，甚至会露出微笑，皮肤传导性和心率都会降低，当用户处于比较兴奋或激动的状态时，瞳孔直径会变大，而当用户处于较为放松的状态时，瞳孔直径会变小。因此，研究人员可以通过摄影机记录用户的表情或瞳孔变化，或利用肌动电流传感器（Electromyogram，EMG）监测前额肌（与皱眉相关）和颧骨肌（与微笑相关）的活动情况，或通过监测皮肤传导性和心率来了解用户的心理状态或情感变化。但在实际开发设计中，皮肤传导性和心率监测使用得较少，主要是因为对设备的要求比较高，并且用户容易产生主观抗拒。

以上能够反映用户心理及情感状态的研究方法能够帮助设计者科学精准地把握用户心理和情感状态，帮助设计开发人员精准地提升用户体验设计效果，特别是系统设计与用户心理的匹配度。

5.2　用户需求

美国Ajax之父加瑞特在其著作《用户体验要素：以用户为中心的产品设计》中将Web产品划分为功能型产品和信息型产品两大类型。功能型产品以任务为主导，以效率和效用为主要目标，帮助用户解决一些问题或者通过系统服务解决问题、提升效率、节省时间、金钱等，为用户提供更为高效的工具。而信息型产品以内容为主导，以信息服务为主要目标，帮助用户获取他们自身感兴趣的内容，给用户提供更多、更好的选择，满足用户的娱乐需要等。可见，功能型产品以解决问题、提升效率、完成任务为首要目标，而信息型产品以吸引用户、留住用户为首要目标。但二者不是泾渭分明的，最为常见的状况是移动Web应用产品兼具功能与信息服务，以任务为主导的产品需要各种信息服务引导用户高效完成任务，以内容为主导的产品也需要植入互动功能以提升用户的使用兴趣，其共同目标是为用户提供更多、更好的选择，以达到帮助用户解决问题、满足需求、节约成本、提高效率等，同时需要持续的吸引用户的关注与体验。

移动Web产品的用户体验设计围绕用户需求展开，其用户服务目标是多层次的，主要在满足用户信息需求和功能需求的基础上进一步满足用户的审美体验和情感体验需求。

5.2.1　功能体验需求

用户需求决定了移动Web产品的功能定位，而功能定位是系统设计的前提条件。在明确产品功能定位的基础上，才能进一步开展移动Web产品的用户体验设计和各项研究内容。系统功能设计时，需要在对用户需求进行分析分解的基础上，设计任务流程。

用户的功能体验需求往往来源于实际问题，为了解决某些实际问题、完成某些工作任务、想要更多地节省时间、节约金钱等而产生的需求。但用户的功能需求并不是一次性的，或者说一步到位的，而是由众多任务点构成错综复杂的功能需求网络。用户的功能需求是以任务点的形式加以呈现的，以网购为例，其功能需求反映在任务类型上，表现为导航、消费以及交互。导航指的是帮助用户发现他们想要的东西；消费指的是提供用户想要浏览的内容，允许用户进行阅读和查看；而交互则指的是用户行为的输入和数据管理。

同样以网络购物为例，来源于用户的实际物品需求。首先针对整个购物流程进行分析，分解为购买前、购买中以及购买后三个部分。购物前的功能需求为浏览、搜寻、发现自己想要的物品；购买过程中的主要功能需求为加购、支付、确认等；购买后的功能需求还有退货、提醒发货、查看物流等。而整个流程中还可能含有收藏、分享、客服等功能需求。因此，用户的功能体验需求是较为错综复杂的，还有可能因人而异。但功能体验需求分析，为系统功能设计提供了客观准确的任务分析和设计参考。

5.2.2 信息体验需求

信息需求理论：根据马斯诺的信息需求层次理论，人类的总体需求包括生理需求、安全需求、社交需求、尊敬需求和自我实现需求。这5个方面需求的满足是通过人们从事各种社会活动得以实现，建构于信息需求基础之上的。信息需求是人类生存、发展和实现自我价值的基础需求，人们为了解决生活中的各种问题、实现更高的生存目标和社会价值，需要各种信息，在生存和发展过程中不断产生对信息的必要感和不满足感。

信息需求在移动Web应用过程中表现为用户的社交需求、安全需求、自我满足以及自我实现需求等。科亨将信息需求分为三个层次：客观状态的信息需求、主观状态的信息需求、表达状态的信息需求。对应于移动Web产品，客观状态下的用户需求主要是指物理层面上的功能需求，体现了产品的效用性；主观状态下的用户需求主要包括生理层面和心理层面上的体验需求，体现了产品的适用性；而表达状态下的用户需求则体现为用户主观情感层面上的诉求。根据马斯洛的需求理论，人类自身存在着认知需求、审美需求和自我实现的需要，这些在网络产品的信息体验中表现得尤为明显。认知需求体现在用户渴望从产品信息界面中获得需要或新奇的未知的信息；审美需求体现在用户希望从产品信息界面中获得良好的外观视觉感受；自我实现的需求则体现在用户通过使用产品而获得的自我满足和情绪体验等。

根据德尔文（Derwin）的"意义建构"理论，用户的信息需求会随着所处情境（situation）而改变，移动Web用户的信息交流与交互情境也是处于不断变化之中的，由于信息是流动的，移动Web用户在不同的时间和空间变量中也有着不同的信息需求，表现出一定的时间相关性与空间相关性。

与时间相关的信息需求可以归为节省时间和消磨时间两类需求。其中为解决问题、完成任务、提高效率方面而获取信息服务都可以理解为节省时间的信息需求，而像游戏、娱乐、视频、新闻资讯服务等多为消磨时间的信息需求。

与空间相关的信息需求主要与位置相关，如GPS导航服务、实时定位、地图，以及虚拟场景、游戏应用中的位置转换、路线移动等。

以上两类需求是现代网络用户最主要的信息需求，根据用户信息需求的时间相关性和空间相关性，进一步研究移动Web应用具体的信息需求，具有较高的实用价值。例如，根据用户信息需求的时间相关性，将移动Web用户使用行为进行细化研究，如与时间相关的信息需求可分为即时性需求、临时性需求和实时性需求等：其中即时性需求多为用户在闲暇片段或心血来潮时的信息服务需求，具有较强的突发性、偶然性和不确定性，多为打发和消磨时间、提升娱乐、转换心情；临时性需求是指用户临时受到某些任务的驱使，或是突然遇到某些问题，为了完成任务或解决问题而需要的信息服务，如需求信息查询、服务预约等；实时性需求是指用户对于时效性较强的信息服务的需求，如天气预报、新闻等。同样，根据用户需求的空间相关性对用户信息需求进行细分，有地理分布、地理位置、交通路线、区域导航、周边服务等。都是移动应用系统设计的重要参考，只有针对用户信息需求准确信息服务，才能真正得到用户的认可和接收。

5.2.3 审美体验需求

审美体验是一种高水平的认知过程，超脱于感官体验与行为体验之外，体现着人类精神层面的反思与表达。不同审美对象的审美体有着显著的差异性，传统文艺作品的静态审美表现出一定的距离相关性，而数字交互作品的动态审美则表现出一定的时空流动性。以信息交互界面为审美对象的移动Web用户的审美体验同样表现出一定的时空流动性和主体差异性，超脱于使用功能和信息交互体验之外，对整个移动Web产品体验过程的反思与判断，包括对产品视觉外观的感知与价值意义的感悟。移动Web产品最初和最主要的用户需求是对产品外观和各个环节视觉美感的要求，贯穿于产品视觉设计始终。

此外，移动Web产品体现出较强的数字性、虚拟性和时空性。数字技术创作的产品世界本身就具备一定的虚拟性，是对真实世界的重新构建，呈现出现实世界的时空特点，其所构建的数字世界在视觉上呈现出虚拟和想象的特点，甚至呈现出一些奇幻视像，如英国物理学家汤姆·贝达德（Tom Beddard）用数字技术呈现3D版法贝热彩蛋（图5-12）；电影《美丽心灵》原型约翰·纳什（John Nash）和尼古拉斯·柯伊伯（Nicolaas Kuiper）运用数字技术建构出来的沙粒世界（图5-13）；以及分形算法构建出来的数字图像（图5-14）等。数字技术构建的虚拟世界呈现出视像奇趣、多变而有序的视觉印象，带给观者符号化的虚拟视觉体验。

图5-12　3D版法贝热彩蛋　　　图5-13 沙粒世界　　　　图5-14 分形图像

移动网络环境下的数字审美通过人机交互消除"距离"而达到人机融合的情境体验。距离，是传统审美的重要元素，使得审美主体能够以更为客观和理性的视角审视审美对象。而与传统审美不同，移动网络环境下的用户审美表现出全新的特点，以消除距离为手段，且更加注重过程性。

移动Web信息系统的交互功能带给用户强烈的主体参与感。在信息互动体验的过程中，用户始终与信息世界融为一体，参与着信息世界的创作完成，即审美对象不再是固定的客观对象，而是演变为主客体融合的模糊概念，用户既是审美体验的主体，同时也是参与信息创作的中介与客体，主客体共同完成着审美空间的创作，且这一过程处于连续变化当中。

与移动Web用户的信息需求相对应，其审美体验需求也具备一定的层次性，从感官层面到生理/心理层面再到精神层面。关于审美体验层次的划分，较为著名的有台湾学者叶嘉莹提出的"兴发感动"的审美体验层次理论，即人的审美体验过程是从"官能的触引"到"情感的触动"再到"感发之意趣"。对应于移动Web用户的审美体验过程，即用户感官接触到信息界面引发感官反应（官能的触引），刺激大脑控制人的身体做出一定的行为反应，从而引发一定的思维活动和心理活动，使用过程中产生对产品的各种情绪如依赖、满足、吸引等（情意之感动），而超脱于产品体验之外对其价值意义的认同及精神上的依赖引发了一种心灵上的感发力量（感发之意趣）。移动Web产品的审美体验大致可分为三个层次：知觉、认同和反思体验。

知觉体验，是指用户感官接触到视觉信息时，产生的一系列包括思维反应、信息加工在内的感官活动与思维活动的整合过程。例如用户看到了红色的图标，经过一系列的感官及思维处理活动而形成一种在大脑中的视觉印象的过程。

认同体验产生于用户行为体验过程中，通过系统信息交流与功能体验满足用户需求的过程中，所产生的对产品使用价值、体验过程的认同，往往在用户心理上产生满足感、信赖感和认同感。

反思体验是超脱于感官体验和行为体验之外，对产品体验过程的反思与判断，形成精神层面上的感悟与升华，往往产生于回忆、联想和体会中，是一种运用精神思维对产品的再度体验，或者说是对体验的体验。

依据审美体验的三个层次，同样可以构建移动网络环境下Web用户审美体验需求模型，如图5-15所示。

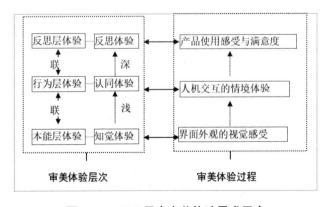

图5-15 Web用户审美体验需求层次

根据移动Web用户的审美体验层次，其用户体验需求主要来源于用户对视觉美感、情境美感和意趣美感的需求。用户在接触移动Web应用产品时，首先预期获得良好的视觉感受和心理情感体验，成功的移动Web应用产品的界面外观会给用户带来良好的视觉体验，并通过满足用户需求、增强互动、沉浸式体验等带给用户情境体验的意趣美感。

移动Web用户体验之视觉美感来源于感官体验，即界面信息元素的外观刺激，如形式、大小、颜色、布局的合理组织带给用户平衡、有序等视觉心理感受，同时要满足良好的界面清晰度和操作辨识度。因此移动Web用户的视觉美感是基于界面可用性基础之上的。

移动Web用户体验之情境美感来源于行为体验，通过互动操作，产生信息交流、引发界面时空的连锁反应，融入了用户的感官、思维、心理和情感活动，是感官和心理上的全方位互动体验。情境，是指用户通过产品体验构建意义时的时空环境，具有较强的时间相关性和空间相关性。移动Web用户与系统的互动体验过程中，信息界面对用户指令的逐级反馈，以及信息系统对用户操作的智能响应，将用户带入人机交互的情境体验。建立在信息交流基础之上的人机互动体验，同时也是人机合一的情境体验，表现为由界面连锁反应带来的虚拟时空流转、环境变化以及审美对象的人性化特点。

移动Web用户体验之意趣美感来源于反思体验，是在满足用户的信息需求、功能需求、使用乐趣基础之上，对产品体验过程的反思与判断，产生于回忆、联想和体会中，是一种运用精神思维对产品的再度体验。意趣美感带给用户的是对产品体验价值的认同和精神上的依赖，对建立用户与产品之间的长期依存关系具有重要的意义。

5.2.4 心理体验需求

用户对于移动Web产品的心理需求主要源于用户以往的认知经验及情感需求，用户对于产品使用前的期望、使用过程中的满意度以及使用结束后的依赖都是其情感需求的体现。移动Web用户通过对产品体验的认同而确立自我形象，持续的认同过程使人的"自我"得以形成并不断地变化。

对应于移动Web用户需求的心理模型，其对应的是用户反思层的心理与情感体验需求，即通过产品的交互实现自我形象的确认、形成使用记忆等。正如诺曼在《情感化设计》一书中指出，人与产品之间因互动而产生的联系、联想和美好回忆是吸引用户、抓住用户的关键因素，而不是产品的功能或外观。因此产品体验中真正抓住用户的是产品符合用户心理预期，与用户产生情感共鸣的部分。这也是很多玩家沉迷于游戏的原因，他们在游戏世界的互动中获得了情感共鸣。

移动Web用户的心理体验需求也是复杂多变且充满个性化的，但从用户产品体验的共性出发，可以总结出满足感、认同感、共情感等。产品的系统功能用于满足用户的信息需求，用户在需求被满足的情况下产生对系统的认同，进而产生依赖，这是一种从行为到心理上的变化。

综上所述，移动Web产品的用户体验出于多方面的需求，但总而言之，用户对于移动Web产品的追求主要是出于两方面的目的：实用性和享乐性。系统功能直接体现了产品的实用性价值，而产品的享乐性价值更多的是美学层面上的理解：视觉的美感和使用的乐趣。

同时，移动Web产品的审美体验又是多层次的，最初级层次的用户体验建立在产品的功能性和美观性的基础之上，其次是移动Web产品通过数字技术建构的信息世界带给用户超越现实的虚幻视像，进而带给用户超越现实的体验环境，人们会对移动Web产品世界流连忘返，这一点在游戏中表现得尤为明显。其中间体验层次，也是最为关键性的体验内容，是人机互动带来的人机合一的情境体验。审美体验是用户精神层面的反思与判断，是最高层次的体验，当产品的功能性、美观性和享乐性价值达到甚至超过用户预期，当用户与产品的互动过程带给用户舒适愉悦的心理感受，用户又会在产品体验结束后对其充满回忆和再度体验的热情，形成情感上的依赖，这也是优良移动Web用户体验设计最为成功的地方。

5.3 用户习惯

用户习惯影响着用户对产品的使用意向和态度，是移动Web用户体验设计的重要参考。为了便于研究，对应于移动Web产品的界面、交互等体验要素，本书主要从视觉习惯和行为习惯两个方面展开研究，视觉习惯影响着用户对信息界面的认知，而行为习惯影响着用户的信息获取方式和使用态度。从感性工程学的角度，用户行为习惯又可以划分为使用行为习惯和思维行为习惯，二者对用户行为的影响分别发生于生理（适用性）/物理（可用性）层面和心理（有效性）/主观情感层面。

5.3.1 习惯理论

习惯是指对特定环境的自动反应，以固定序列学习活动达到既定目标的本能状态，习惯通常表现为固化的思维或行为方式。习惯起源于人们尝试适应特定环境的初始行为，某种行为或思维方式经过不断的重复会形成习惯，而习惯又在不自觉状态下支配着人们的行为或思维方式，形成深刻而闭环的影响。习惯在现有环境下对人的行为或思维方式起到强烈的支配作用，而当环境发生改变时，人们又会主动调整自我适应新的环境，因此，习惯也是在发展变化的。就像起初人们习惯于通过键盘输入信息，而如今在保持原有习惯的基础上，又发展出对触屏输入信息的使用习惯。因此，环境可以改变习惯，而习惯强烈地影响着人们的行为。

根据杜威的习惯理论，习惯可划分为自动习惯与主动习惯，自动习惯是在不知不觉中形成的，是为了保持与现有环境的持久平衡，具有极强的自发性、稳定性；主动习惯是不断调整自我以适应新的环境。习惯的高效性表现在它能够更为顺利地支配人们的行为，完成特定任务，减轻思维负担，避免出错的机会。

美国学者加瑞特认为，习惯与反射作用是我们与这个世界交互的基础，习惯可以使我们把这些反射作用应用到不同的环境中。这一点在移动Web应用系统中表现得尤为明显。用户习惯的养成并不是一个简单的过程，但符合用户已有的习惯却是一个不错的选择，因此各色交友软件为了更加顺利的植入用户群体，纷纷模仿QQ的功能与操作，同样电商网站也都在有意无意地模仿淘宝，毕竟重新去培养用户习惯是一个艰难的过程，很容易受到用户的拒绝而中断。对于不同类型的移动Web应用，在以往使用经验的基础上，还有着不同的用户习惯养成过程，用户习惯的培养，对于移动Web产品的生存和发展具有重要的意义。良好的移动Web产品设计不应当违背用户的既成习惯，而是在满足用户需求的前提下，顺应用户习惯。当用户使用Web产品的时间越长，习惯性越强，其心理机制中的自觉意识就越少。用户习惯对于移动Web产品用户黏性的影响表现为其对用户持续使用意向的影响，换言之，习惯影响着用户对移动Web产品的依赖程度。以电商平台为例，用户有可能会因为习惯而导致在同一个平台内部，完成所有的购买。这也是市场竞争中同类平台威胁分析的重要来源之一。

5.3.2　用户视觉习惯

视觉习惯是指人们在用眼睛观看事物的一般视觉规律与行为倾向，例如，中国古人习惯于自右向左浏览，而现在人习惯于自左向右浏览。由上可知，不同于传统媒介接触习惯，缘于手机应用场景的习惯性、琐碎性与手机用户的个体性、多元性，移动用户视觉习惯表现出全新的特点。例如视觉浏览习惯、视觉搜索习惯、视觉切换习惯等。其中移动Web用户的视觉浏览习惯在应用设计中已经得到较为广泛的成功运用。

移动Web用户在进行界面关注时也存在着一定的视觉浏览习惯。第五章中提到Jakob Nielsen博士通过对200多名网络用户的调查研究得出网络用户F形的视觉浏览习惯，即用户视线从上至下，从左至右的惯性浏览。

移动用户对于界面内容的浏览同样符合F形视觉浏览趋势，一些网络用户研究学者试图根据用户的兴趣爱好和行为习惯等海量数据信息，对用户的年龄、性别、兴趣、偏好等进行精细化的分层分类。以一款网络新闻资讯的客户端为例，其用户为习惯于网络浏览的人群，这是一个庞大且结构复杂的用户群体，包括不同年龄段、不同性别、不同职业的网络用户群体，但他们的爱好是相同的，喜欢浏览网络新闻资讯。虽然用户人群结构复杂，但主力人群是较为关心时事的中青年网民群体，且以男性偏多。通过对以上用户浏览习惯的研究发现，移动用户对于界面内容的浏览同样符合F形视觉浏览趋势，因此移动应用界面在对用户进行视觉引导时，其内容设置也要根据用户的浏览习惯进行合理的安排和设计。移动用户的视觉习惯除了大体上遵循从上至下，从左至右的移动，同时还与界面的内容与显示设置相关。例如醒目的颜色、大小、运动可能会率先抓住用户视觉的注意，而打破了用户惯有的F形浏览趋势。

5.3.3 使用行为习惯

同样，对于移动Web产品，接触之初，用户的行为可能是在有意识的权衡选择基础上发生的，但经过多次的磨合熟练以后，习惯就会不自觉地影响用户的操作行为。移动Web产品用户使用行为习惯影响着用户对产品的选择。习惯对移动Web产品设计有着强大的影响力，往往选择用户习惯的方式进行界面和交互设计，否则从一种习惯迁移到另一种习惯，需要较高的学习成本、情绪转移，就像大多数移动应用采用标签式导航，即底部标签栏导航，如图5-16所示。微信也曾尝试过其他的导航模式，最终还是向大多数用户习惯妥协，选择了标签式导航。移动Web应用设计与用户习惯形成相互影响的作用，当大多数应用设计采取某种方式，则会养成一定的用户习惯，反过来用户习惯又会使得更多的应用设计采取这种方式。符合用户习惯的应用设计能够减少用户的学习负担、迁移阻力和推广难度，更有利于移动Web应用产品的推广与发展。

图5-16　标签式导航结构

移动Web用户使用行为习惯的研究是十分复杂的，主要考虑用户对产品的使用情况，包括用户的使用时长、频率、具体的使用行为、操作习惯等。由于移动Web应用内容的丰富多彩，其用户使用行为也是多种多样的，有较为深度卷入的用户行为如沉浸式游戏、观影、阅读、深度聊天等；也有碎片化且轻度卷入的用户行为如新闻浏览、信息分享、点赞刷屏等。

通过研究分析用户使用行为习惯，探索移动Web用户体验设计方法。如通过用户研究发现，用户在夜间使用某款应用的时间较多，那么应用界面设计时就要重点考虑夜间显示模式；而某款应用在用户运动时使用的时间较多，产品设计时就要重点考虑其移动显示与互动模式。根据用户的使用记录、使用时长、使用频率等发掘用户最为关注的或是最喜爱的应用模块，在系统功能设计时给予重点强调，以提升用户对于核心诉求的达成效率，进而提升用户好感。

另一方面，用户使用行为习惯分析对移动Web产品设计具有重要的预测和引导作用，例如提前预估用户行为习惯可能导致的问题并在产品设计时提前对这些问题进行预判并提供相应的解决预案。

5.3.4　思维行为习惯

移动Web用户的思维行为习惯的形成主要来自于两个方面，一是用户在移动Web产品体验过程中形成的思维行为习惯，人们在反复进行相似体验活动时也会形成一定的思维习惯，进而控制人们的行为习惯。另一方面是在产品体验结束后产生一定的反思行为，例如对产品的使用过程是否满意，是否符合个人需求与行为习惯，是否实现了其品牌价值和社会价值等。用户的思维活动控制着行为活动，体现了用户的情感诉求和期望需求。思维习惯，更接近于我们常说的心理体验习惯，用户的思维习惯是在不断的产品体验中累积形成的，一般而言，用户都想要比先前更好的体验，至少不能比之前差，否则就会严重影响用户的使用意向。随着思维习惯的不断累积，用户会相应地产生一定的行为习惯，即思维行为习惯。思维行为习惯影响着用户对产品的选择意向、体验过程和体验评价。

用户的思维行为习惯反映了用户对产品设计的内在要求，除了考虑可能引发的用户内在反应，还要考虑产品使用的社会文化性、时空性、历史变迁性等。用户的思维行为习惯影响到产品的外在细节设计，如色彩、界面风格、版式结构等。符合用户思维行为习惯的移动Web应用设计能更好地满足用户的心理预期。

总之，在移动Web用户体验研究领域，习惯影响着用户对产品的选择和持续使用意向。视觉行为习惯和使用行为习惯影响着用户对产品功能性和美观性的选择，用户的思维行为习惯影响着用户对产品的体验过程和持续使用意向。一方面，在长期的移动Web应用体验中养成的用户习惯，会不自觉地引导用户的体验行为，在一定程度上减轻或过滤了人的主观思维选择，用户按照熟知的习惯进行体验时，降低了学习和认知成本。另一方面，习惯能够影响用户对产品体验的感受如价值体验、满意度等，更多情况下，符合用户习惯的移动Web产品更容易获得更高的体验价值和用户满意度，由此形成的认知价值对后续的用户使用意向产生重要的推动作用，提升了产品的体验价值和竞争优势。因此，对用户习惯的充分考虑能对移动Web产品的使用价值产生持续而深远的影响。

5.4 基于用户需求的系统功能设计

5.4.1 系统功能定位

在移动Web产品开发、设计、应用之前，依据市场调研与需求分析，做好功能定位与用户研究，是至关重要的。移动Web系统功能定位来源于用户需求，用户是决定其生存和发展的决定性因素。因此，做好前期的用户研究和市场研究，对于移动Web产品在市场中的竞争起到至关重要甚至决定性的作用。用户研究涵盖用户群体特征、个体特征、用户需求、用户习惯、用户视觉心理等多方面的研究，具体的研究方法及结果在第四章和第五章中进行了详细的论述。

市场研究则通过对移动Web产品的市场调研与分析加以开展，较为典型的如SWTO分析，即优势分析、劣势分析、威胁分析和机遇分析研究。SWTO分析决定一款移动Web产品的用户需求与存在价值，如图5-17所示。在每一个分析模块中，决定移动Web产品存在价值的决定性因素分别为市场需求、用户需求与用户习惯。

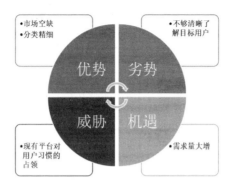

图5-17　SWTO分析

移动Web产品的功能定位体现的是其核心价值。明确的功能定位有助于移动Web应用抓住用户与市场的核心需求，并且在设计开发过程中实现用户群体的核心功能体验与信息需求。以笔者团队设计的"女鞋"移动电商平台为例，结合市场调研、用户调研、用户需求进行市场调研和目标人群分析。同时根据市场需求、目标人群进行功能定位分析，特别是核心功能、优势和劣势的分析，如表5-1所示。功能定位和用户人群是密不可分的，在确定了移动Web产品的功能定位和目标人群以后，才能够有针对性地进行用户研究。再如"垃圾分类"移动Web应用，重点是解决用户对垃圾分类不明确的问题，所以其核心功能是帮助用户快速查找到他们想找的垃圾属于什么类别的，整个用户是面向所有群体的，所以针对不同年龄层就会有不同的产品功能使用。

表5-1　"女鞋"移动电商平台功能定位

品牌	淘宝	唯品会	得物
APP store评分	2.8	3.4	3.5
目标人群	想要购物的人们	对购物商品品牌、折扣有要求的女性	针对想要买鞋的人群
核心竞争力	商家可自主入驻平台	大牌品牌齐全、折扣力度看得见	鞋子品类齐全
主要功能	1. 买家可以自行搜索 2. 卖家直播卖货 3. 视频推荐	1. 大牌折扣特卖 2. 大牌直播卖货	1. 有AR试穿鞋子功能 2. 鞋子上新快 3. 专业机构鉴定

主要亮点	1. 种类丰富 2. 主页下拉有额外页面	1. 弹出式导航栏	1. AR试穿 2. 各类鞋子排行榜
主要特点	没有分类，想购买什么就直接搜索框输入搜索，品类齐全	按照品牌分类，主做大牌特卖	鞋子AR试穿
盈利模式	广告收入，软件租金服务	全球买手+供应链	收取鉴别费、运费等
差异化竞争力	品类齐全	只做大牌折扣	主要专注卖鞋
亮点功能	功能齐全，有各种增加APP日活的小程序	全球买手，可以买到全球想要的品牌	AR试穿
产品概念	满足日常生活消费和线上购物的APP	品牌特卖，就是超值	全球领先的集正品潮流装备交易、潮流产品鉴别、潮流生活社区于一体的新一代潮流网购社区
缺点	不太容易发现平常没有关注过的商品	折扣商品不齐全	材质不容易看出来
优点	想买什么都买得到（违反相关规定的商品除外）	很容易找到想买的鞋子	鞋子样式，细节很容易展现出来，了解鞋子的特点、人气
关键词	日常生活	品牌、折扣	鞋子、保真

系统功能定位决定了移动Web应用能够实现哪些功能？为用户提供哪些服务？有什么优势和劣势？在很大程度上决定了移动Web产品的开发价值与市场竞争力。

5.4.2 系统功能设计

从移动Web用户需求出发，探寻符合用户习惯的产品功能设计，是研究移动Web用户需求与体验的价值所在。在完善移动Web系统功能设计的前提下，开展用户体验设计，在产品功能定位和用户研究的指导下，进行完善的系统功能设计，以实现移动Web应用的主体框架。

先由产品功能定位确定移动Web产品的功能框架，即能为用户提供哪些服务，其中包括了核心功能、主要功能、常用功能、特色功能等。再针对目标用户群体的功能需求分析进行与其相适应的系统功能设计。

系统功能设计的核心应当在于围绕用户需求的任务流程设计，即设计出通过系统功能的使用逐个满足用户需求与目标的任务流程。同样以网络购物为例，分析用户在购物过程中的各个需求点、可能产生的行为，例如用户可能通过浏览、搜索找到自己需要的商品，可能有明确的购买目标直接购买。购买过程中需要选择商品的规格、种类、款式、颜色等，加购或者提交订单、产生支付行为。而在支付的过程中又可能会有支付成功、支付未完成返回购物页面、重新支付等行为。根据基于用户需求分析的任务流设计，逐项实现系统功能。

以笔者团队设计开发的"垃圾分类"移动Web应用为例，根据年轻人活泼好动，喜欢新奇的特点，设置游戏环节：通过搜索或者图像拍的功能，可以发现APP自带的游戏功能，做做测试题，增加了解垃圾分类的趣味性，同时再打开H5垃圾知识科普，更快速了解知识，也可以带着其他人一起观看；还根据中老年人不喜欢接受新鲜事物，不喜欢变化和麻烦的特点，设置搜索和快速定位环节：通过搜索框来实现快速搜索出垃圾种类，减少时间成本，如果对打字不太熟悉或者不喜欢的，也可直接采用图像搜的方法，将不熟悉的垃圾拍下来，由系统告知你垃圾的种类。

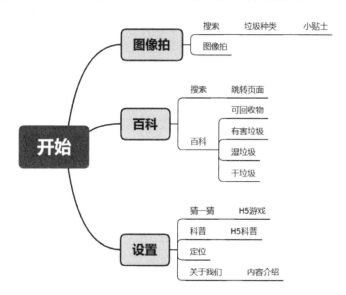

图5-18 "垃圾分类"移动Web应用系统功能设计

同样以"垃圾分类"移动Web应用为例，在前期功能定位和目标用户研究的基础之上，进行完善的系统功能设计，如图5-18所示。首页（百科）重点是将所有种类的垃圾分为一个框作为一个归纳，方便更好地查阅，主体分为四个类别，可回收物，有害垃圾，湿垃圾，干垃圾。如果在各种分类列表中都没有发现想找的类别，可通过搜索框直接搜索垃圾提交。首页（设置）这个页面的重点是在猜一猜，垃圾科普这两块，两个页面分别插入两个 不同的H5，通过猜垃圾游戏和知识科普吸引用户参与到软件中来。

5.5　移动Web产品信息组织结构

信息架构与交互设计是实现移动Web用户体验的两大重要方面内容。毋庸置疑，信息架构对于信息型产品来说是非常重要的，同时对功能型产品也有重要的影响。信息架构的主要功能是清晰有序地呈现信息内容、设计组织分类信息以及信息导航结构，让用户能够高效、准确地浏览、搜索、获取信息并与之发生交互。信息架构作为促进移动Web用户理解信息的表达方式，对移动Web应用系统的整体设计起到重要的贯穿和引导作用。借鉴信息构建的相关理论，构建功能完善的信息系统，以用于全面的用户体验。

信息构建（Information Architecture）理论最早由Wurman于1975年提出，目前被广泛应用于网络信息设计领域。信息建构的目标是通过组织合理的信息架构为用户提供更为便捷高效的信息获取方式。但特别值得一提的是，随着技术的发展，智能应用与大数据技术的结合，移动Web应用的信息建构除了固有的信息组织系统以外，还具备根据用户行为及个性化特点进行智能推荐的功能，也就是信息推荐系统。再结合Roseefl和Movrille的信息构建理论，可以从以下几个方面构建移动Web产品的信息系统。

5.5.1　信息组织系统

在确立了移动Web产品的系统功能定位以后，需要建立合理的信息组织结构。信息组织结构要求创建分类体系，以对应于产品内容，以满足用户需求为基础。移动网络中的信息流是错综复杂的，需要基于一定的形式加以组织，网络信息流常见的组织形式有：按照时间、主题、标签、点击率等组织形式，不同的信息组织形式形成不同的访问效果和信息流转方式，其中按照时间组织内容是时效性最好、自由度最高且信息流转最快的一种方式。但其缺点是信息内容无法沉淀，容易形成信息爆炸的局面，如微博。很多网络应用都是多种信息组织形式相结合的，使其应用内容既具有一定的信息流转自由度，又不至于导致信息混乱和失控的局面，如微信、QQ等即时通信工具的信息组织形式多为"时间+主题"，既有按时间组织的信息内容，也有按主题板块或标签进行组织的信息内容。然而，一个好的信息组织结构需要具备适用环境变化的能力，例如短期的新闻可以按日期分类，便于用户翻阅和查找，但几年后的新闻内容则更适合于按主题分类，以便于用户的搜寻和查找。

相比于微博、论坛等信息型网络社区，功能型移动Web应用的信息组织形式往往更为固定一些，信息的流动性相对较低，主要体现在信息组织系统的结构上。在扁平式信息结构的移动应用中，所有的主要类别都可以从主页面进入，用户可以直接从一个类别跳到另一个类别。信息组织系统负责信息分类，围绕用户需求最核心的内容和功能展开，广泛搜集信息加以整理分类，形成各个模块，然后再根据逻辑组织各信息模块的层级结构，在主要模块下细分出次级模块，形成树状或中心辐射状的信息模块层级结构。

信息组织系统以节点为基本的组织单位，每一个节点包含特定的信息内容，由节点的辐射形成层级关系，由节点的相互连接形成信息网络。以节点作为基本的信息组织单位所构建的信息系统，最为常见的为层级结构或中心辐射结构。从根节点开始，不断细化分层，以父级别/子级的关系组织信息节点。这种层级关系的概念对于用户来说是非常容易理解的，因此也是最为常见的。以"女鞋"移动电商平台为例，在完善的系统功能设计的指引下，以中心辐射的父级/子级层级关系组织应用系统的信息结构，如图5-19所示。

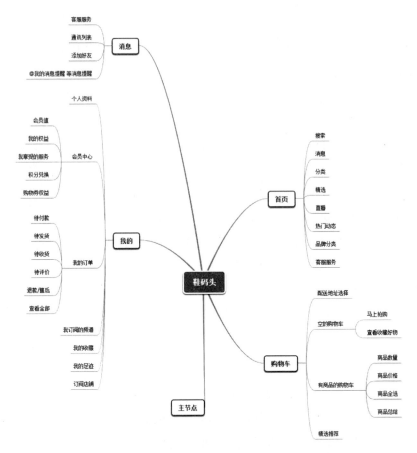

图5-19　"女鞋"移动电商平台信息组织结构

首页的主要模块有：签到、会员中心、搜索框、banner位置、分类、最新资讯、热销精品；

导航页主要按钮有：首页、分类、发现、购物车、个人中心；

二级页面有：商品详情页、会员中心、智能客服。VIP中心；

情绪化设计页面有：消息页面（空）、购物车（空）；

分类主要模块有：搜索框、消息按钮、精选推荐、鞋子分类、品牌模块；

购物车主要模块有：商品、您可能还喜欢、结算、全选、降价、管理；

个人中心主要模块有：个人资料、我的收藏、我的订单、我的优惠 我的积分、我的评价、我的收藏、VIP。

5.5.2 信息标识系统

信息标识系统负责信息内容的表达，如内容名称、标签或链接等，移动Web应用需要有一套完善且特征显著的信息标识系统，以便于用户能够直观定位到相应的功能模块，便于用户记忆。如笔者团队设计的移动Web应用系统中的信息标识系统设计，如图5-20所示。

移动Web应用的信息标识系统需要具备简洁易懂（便于用户识记）；特征显著（便于用户建立视觉印象）；简单易用（便于用户操作）等特点。此外，为了便于区分用户的操作状态，信息标识系统往往设置了一定的变化，通常设置正常态、点击态、选中态的图形及颜色变化，以便于用户区分正在操作的信息功能模块。

图5-20 移动Web应用信息标识系统

5.5.3 信息导航系统

导航设计是指通过屏幕上一些元素的组合，如按钮、图标、链接等，允许用户在信息架构中穿行。根据用户需求的任务类型，导航帮助用户找到其需求内容。信息导航系统负责信息之间的路径显示，使用户明确其所在位置。当用户通过触屏操作在信息界面之间切换时，需要参照导航系统。移动Web应用的信息导航系统具有引导、响应和定位的功能，通过导航系统引导用户操作、响应用户操作并及时定位到用户想要进入的功能模块，有效的导航系统能让用户快速定位到所需模块、找到所需信息，并明确自身所处位置。且随着技术的发展，越来越精细的导航系统应运而生，如动态导航系统，根据用户在移动Web应用系统中的行为与环境实时改变导航系统。但无论是何种信息导航系统，都必须同时完成以下三个目标：

1. 为用户提供在系统界面之间进行信息选择和跳转的方法；

2. 体现出信息模块之间的组织结构和逻辑关系；

3. 时刻标定出用户在系统界面中所处的位置以及用户与访问内容之间的关系。

物理空间中，人们往往可以依靠天生的方向感来给自己定位，但是在信息空间中则依赖于导航指示的线索。

5.5.3.1　导航系统类型

然而信息导航系统的结构并不是固定的、单一的，很多移动Web应用以多种导航结构组织形成应用的导航系统，且一些导航会随着环境和用户操作的变化而变化，我们称之为动态导航。较为常见的是由全局导航、局部导航、辅助导航等组成了多重导航系统。

1. 全局导航：提供覆盖整个应用系统的信息引导通路。全局导航提供给用户从首页到其他页面的一组关键点，即在导航上放置指向整个应用系统所有主要栏目的链接。

2. 局部导航：提供给用户在当前框架中到"附近位置"的通路。在信息网状结构中，局部导航只提供部分附近相连节点之间的链接，它们之间有可能是同级、父子级或兄弟级之间的关系。

3. 辅助导航：往往提供一种信息便利访问、快速到达的方式，是对全局导航和局部导航的补充。辅助导航的优点体现在信息访问的便捷性上，对于一些用户即时访问又比较感兴趣的内容，可以无须返回到全局导航或局部导航，而直接从当前位置开始访问，且仍然能保持信息系统的层级结构。

4. 内联导航：也叫上下文导航，即嵌入页面自身内容的导航，当用户在浏览内容时，可以对感兴趣的内容开展即时的查阅，而不会改变自身所处位置以及信息系统的层级结构。

5.5.3.2　导航系统结构

信息导航系统往往以导航标签的形式呈现于移动Web应用界面，常见的信息界面导航结构有以下几种：

1. 标签式导航：有叫卡式导航，一般是在页面的底部提供选项入口，方便用户进入相应的主题界面，大多数APP会选择标签式导航如图5-21所示。标签式导航在移动Web应用系统中的广泛应用形成了较为广泛的用户访问习惯，反过来，这些用户习惯又使得更多的移动Web应用不得不采用标签式导航，否则违背用户习惯，会增加用户操作的学习成本和迁移成本。这种结构的优点表现在：用户清楚当前所在的入口位置；用户在各入口间频繁跳转且始终明确自身所处位置；直接展现最重要入口的内容信息使用户能够快速定位到重点内容。但缺点表现在这种导航结构会占用一定高度的显示面积；当功能入口过多时，界面导航会显得繁杂，且不利于大屏幕手机进行单手切换操作等。

　　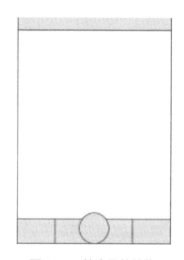

图5-21　标签导航结构　　　　　图5-22　舵式导航结构

2. 舵式导航：与标签式导航较为类似，也是在页面底部提供功能入口，但不同的是，中间的标签作为最主要的功能入口，会进行放大、差异化颜色或差异化图形进行突出显示，如图5-22所示。其主要优点在于对重要功能的突出显示，极大吸引了用户的视觉关注与操作，其缺点是会降低周边功能按钮的关注度与点击率，简言之，拉大了主要功能与其他功能之间的视觉影响力和用户行为引导力。此外，从视觉设计的角度而言，对中间按钮的外观设计、导航按钮的布局及协调性设计要求较高。

3. 列表式导航有很多种形式，如列表菜单、分组列表和增强列表等，其中最为常见的形式是列表菜单组成的逐行布局结构，适合较长内容的菜单显示，如图5-23所示，较为典型的有微信界面的列表式导航。列表式导航结构层次展示清晰，可展示内容较长的标题及次级内容，但版式灵活性与视觉冲击力不强，不易引导用户对相关内容的关注。

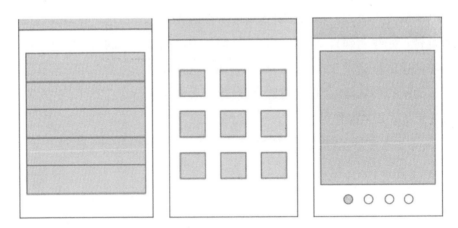

图5-23 列表式导航结构 图5-24 宫格式导航结构 图5-25 旋转木马式导航

4. 宫格式导航通过界面中的菜单选项进入各个应用，如图5-24所示。宫格式导航往往呈现于页面主体区域，以网格布局均匀陈列的页面区域展现各功能模块入口，其优点是便于用户的视觉查询和快速定位。其缺点表现为无法在多入口间灵活跳转，不适合多任务操作。

5. 旋转木马式导航：即轮播式导航，通过轮流切换界面展示导航内容，如图5-25所示。这种导航的优点在于细节界面的动态切换展示给人耳目一新的感觉，但对界面的简洁性和导航个数有一定要求，过于繁杂的页面或者较多的导航数，容易造成视觉的繁杂，以及选择操作的困难。轮播式界面导航的展示，适用于数量较少的系列产品或系列界面，导航页面的逐个整体展示，有助于用户在无操作情况下了解应用的主要功能和内容，且视觉效果流畅，方向感较强。但不适合于过多界面的展示，且选择操作的灵活性不强，当用户想跳转至非当前展示界面时，需要克服一定的操作障碍，且当前界面展示时，容易使用户忽略其他界面的内容。

PC端网页导航模式：原生Android系统应用经常沿袭PC端网页导航模式，用户很容易上手。以笔者团队设计的《遇见·故宫》移动Web应用原型为例，如图5-26所示，信息导航系统一般由导航菜单、导引图标、功能按钮等组成，其页面顶部的导航系统对用户操作起着指引和定位的作用，用户通过导航系统轻松进入相应模块，并快速找到所需信息，且能够始终明确其所处位置。

图5-26　《遇见·故宫》移动Web应用导航系统

5.5.4　信息搜索系统

但是完全依靠信息呈现式的导航有时难以满足用户想要快速找到目标内容的需求，可能还需要搜索、筛选器这些控件来帮助用户更方便地找到需要的东西。信息搜索系统负责信息检索，根据用户的搜索需求返回搜索结果。用户通过信息搜索系统快速定位到其所需求信息，减少时间和操作成本，使得移动Web应用的信息交互更为便利。例如，"垃圾分类"移动Web应用设置的信息搜索系统，如图5-27所示。能够快速解决垃圾分类的问题。

图5-27　"垃圾分类"移动Web应用信息搜索系统

5.5.5　信息推荐系统

信息推荐系统能够根据用户行为及个人信息智能推荐更为符合其个性化需求的信息。随着人工智能和大数据的发展与应用，移动Web应用系统的信息推荐越来越智能化、个性化。目前采用的智能信息推荐系统多是基于大数据检索技术，检索出用户主动需求或与用户相关联的信息进行推荐。目前可用于智能推荐的数据分析与处理技术很多，如Vertica、SQL Server、Par Accel、Hadoop 大数据推荐技术等。智能推荐算法方面，Adomavicius 和 Tuzhilin 提出的基于内容、协同过滤的混合推荐算法，通过对用户行为特征的分析并计算与其相关的信息进行推荐，广泛应用于网络应用系统的信息推荐领域。

移动Web应用系统通过分析多个来源搜集到的用户兴趣与行为特点，如个人基本信息、检索记录、浏览次数、浏览时长等，为用户进行个性化的信息推荐，实现更为精准而高效的信息推荐服务。通过对用户浏览、搜索、点触等操作行为的分析，计算与其相关的内容进行推荐，因为用户的操作行为较为精准地反映了用户的信息需求与兴趣偏好。通过用户的操作行为，采集到其感兴趣的信息内容，生成智能化适配标签，实现同类或关联信息的精准推送。

第六章　移动网络环境下的用户体验研究

在移动Web用户视觉心理研究的基础之上，将视觉心理学相关理论与用户体验理论有机地结合到一起，共同指导移动网络环境下的用户体验设计。例如计算机视觉心理学与感知体验理论的结合；格式塔心理学与信息组织理论的结合等，经典基础理论与移动网络环境下用户体验研究领域相关理论的结合，使得移动Web用户体验设计具备充分的理论研究基础。

6.1　理解用户体验

6.1.1　体验的界定

关于体验是什么，各个学科领域都有不同的理解。哲学领域倾向于将体验理解为一种认知过程，如胡塞尔所说，体验具有意识的特征或认知特征。他认为体验是在意识中发生的内容，是以客观材料为基础，主体综合运用感知、思维、想象等主体能力重新构建的意识内容。主体参与与客观内容的主观呈现是体验过程的本质特征。技术拓展了主体的认知范围和认知能力，主体借助技术发展为与技术相融合的认知能力，例如身体视觉感官借助于屏幕接收到更多网络世界的视觉信息，借助于摄像头获取更多的现实世界的视觉信息等。技术与主体认知能力的结合导致了一个新概念"具身认知"的产生，这是现代认知科学哲学领域最早提出的概念。"具身认知"概念的提出有助于我们理解技术发展环境下的主体体验。在认知科学哲学视角下，结合理论心理学的实验研究方法，具身认知理论得到了进一步的发展。同时，"具身认知"概念下的体验哲学也逐渐发展为心理学研究的热门领域。本书所研究的用户体验更多的是从功能和心理层面对移动Web应用系统的认知体验过程与感官心理反应。

　　心理学视域下的体验被认为是心理层面的活动。德国著名学者伽达默尔指出，体验来源于基础的经历与经验，只有人类亲身经历并获得经验的部分才有体验的价值和存在的意义。体验的过程表现为在人类已有的认知经验的基础上，通过亲身经历获取新的经验，体验促进经验的积累与发展。可见体验是与经历和经验密不可分且互为发展内容，虽然同是人的心理活动，但脱离了经历和经验的体验只能称之为想象。

　　从实际应用的角度来看，体验的目标或结果是为了实现某些功能、体现主体价值。正如托夫勒在《未来的冲击》中提出的观点，体验不再作为某种产品或服务的附属，而是越来越多地拥有自身价值，包括满足人们的身心需求、创造体验价值、积累和发展已有经验。因此，体验逐渐发展为一项独立的功能，很多时候，用户是为了体验而体验，而不是为了某种产品或服务。随着人机交互产品的发展与应用，体验成为实验产品功能的基础，而受到广泛重视，并发展出"体验经验学"的分支。

　　基于以上几种理解，我们可以得出以下结论：传统以产品为中心的设计理念下，体验成为产品或服务的附属，但随着信息服务和人类需求的发展，体验从用户服务逐渐发展为用户需求，成为用户高层次的主观心理需求。体验具有强烈的主观性，在相同环境下的体验，由于主体认知经验和思想状态的不同，体验的结果也有所不同。为了更为全面深入地理解体验的概念，必须界定和厘清体验与认知、情绪、行为、身体经验之间的关系。

6.1.2　与体验相关的概念

　　为了进一步厘清体验的概念，需要将体验与其相关的概念进行对比研究。体验与认知：认知是对客观事物本身的反映，建立在主客二者分离的基础之上，而体验是对客观事物与人之间的意义的反映，与认知相反，建立在主客融合的基础之上。认知与体验有着密切的内在联系，认知是体验的前提条件，体验是认知的基础，认知过程中所产生的知觉、感觉、思维、想象等，正是体验的工具，而体验的过程与结果又成为人类重新认知世界的手段。体验来源于对客观事物的认知，又以个体的思维活动为主，通过思维活动建立人与事物之间的联系。我们可以这样理解，认知是更为偏向于哲学领域的概念，而体验更多的是一种意识活动。

体验与情绪（情感）：美国心理学家伊扎德（C. Izard）提出情绪是包含生物学基础，外显行为模式和内在体验状态三方面复合的心理现象。从这一描述来看，情绪既包括人的生理反应，又包括人的心理状态。情绪往往通过表情和外在行为加以表达，人类通过认知和体验活动认识世界，情绪正是在这一过程中产生，是人类自我认知和自我感受的折射。情绪与体验有着紧密的内在联系：首先，情绪和体验具有共同的生理学基础，即完整的身心。情绪是体验活动的工具与产物，情绪往往伴随着体验产生，同时又影响着体验的过程与结果。情绪与记忆、情感、想象等，共同构成体验的基本特征。同时，体验是情绪产生的基础和前提，没有体验，何谈情绪？因此，许多学者对于情绪的研究，都是基于情绪体验的。

体验与行为：行为是人类认识世界，与世界发生互动的基本手段，常规认知下的人类行为包括动作、表情、思维活动等，心理学家孟昭兰通过研究发现，表情作为人类特有的行为，"与体验具有先天的一致性"。这种一致性不难理解，表情是心理活动的外化，而心理活动是体验的本质。体验视角下的用户行为由感官活动、思维活动、身体活动等组成。行为（behavior）是认知体验活动的基本工具，无论是感官行为、肢体行为，都是人类参与认知和体验世界的具体形式。体验可以理解为主客观对象通过行为发生互动、产生联系。在具身体验中，主观对象与客观对象共同构成了体验环境，而这一体验环境的紧密结合是通过不断的行为互动产生的。

体验与身体经验：体验是一种主体意识活动，建立在身体行为和思维活动的基础之上。而身体行为和思维活动都属于身体经验的范畴。因此体验同样是在身体经验的范畴内发挥主体意识。而身体经验是一个更大的范畴，不仅包括体验，还包括体验以外的其他经验。但体验和身体经验是建立在相同的基础条件之上的，即由各种组织和器官组成的生物学上的"客体"和一个具备认知感知和体验能力的"主体"。客体是主体发挥认知感知能力的基础，而主体是协调客体感官和行为活动的主导因素，主客体协调运作达到认识和体验世界的目的。体验的产生离不开身体经验，而由于个体的差异，体验还表现出个性化的特点，即同一事物环境的主体体验也是千差万别的。

尽管"体验"表现出个性化和复杂性的特点，但对其本质内涵的理解往往离不开其客体基础和主体意识，主体意识主导下的认知活动伴随着情绪等主体感受，这是体验研究的最主要内容。根据美国神经科学家Damasio提出的"躯体标记假说"，体验中的主体感受是由身体感受和心理感受结合而成的，其中身体感受更多的是感官和思维活动的产物，而心理感受更多地表现为主体的情绪和情感。综上所述，体验是以身体为客观基础，以感官活动、行为活动或思维活动为手段，在主客体对象之间建立联系，发挥主体认知能力，构建主体意识中的意义内容。在此过程中，主客体相互融合状态并构建意义，伴随着知觉感觉及情感情绪之间的相互作用。

6.1.3 用户体验的概念

用户体验是当代产品设计中较为注重的概念，最早由用户体验设计师唐纳德·诺曼（Donald Norman）所提出和推广。近年来，随着计算机图形和网络技术的发展，用户体验研究深入到人机交互的各个领域。而对用户体验的描述可以从瞬间体验和全局体验来看。瞬间体验是用户对于人机交互中某一互动行为的瞬间感受，而用户体验的定义更多的是对全局体验的描述，即用户对产品持续使用过程中的一种整体感受，且用户体验的全部要素都需要得到关注。

国外的许多研究更倾向于研究用户的心理状态。在这一研究思路导向下，用户体验（User Experience）经常被描述为用户在使用产品过程中建立起来的一种纯主观感受，包括用户心理、情绪、情感等内在反应。从心理层面上来看，体验是人自身的一种感受。网络产品设计中的用户体验强调友好性、易用性和良好的视觉效果，以实现良好的用户视觉感受、交互感受和心理感受。

那么到底什么是用户体验？学术界和设计界并没有形成统一的认识。维基百科将用户体验定义为描述用户使用一个产品或系统所获得全部体验和满意度；ISO 9241-210标准将用户体验定义为"人们对于针对使用或期望使用的产品、系统或者服务的认知印象和回应"。从以上定义我们可以看出，用户体验的核心内容为用户的认知与感受，其关键过程为产品或系统的使用。关于用户体验概念的理解，还有其他的一些典型描述。

Hassenzahl & Tractinsky认为，用户体验是在用户与系统的交互过程中，其自身状态与系统情境相互作用的产物。

从以上定义结合移动Web产品的使用过程可以得出，用户体验表现出强烈的主体性和互动性，主体性表现为主体意识驱动与行为主导，而互动性则表现为主客体融合状态的意义构建是在互动状态下产生的。用户体验的涵盖范围是十分广泛的，其涵盖范围从产品延伸到人，从客观环境延伸到主观感受，主观层面的用户体验涵盖用户使用过程中的感知、行为、心理等各个方面；客观层面的用户体验则涵盖用户与系统交互过程中的全部主观感受与系统反应。

基于用户体验的移动Web产品设计以满足主体需求、激发主体意识和获得主体认同为目标，通过良好的界面和系统设计激发主体行为，促进主客体之间的信息互动和意义建构，并在互动过程中达到主体心理和情绪的良好状态。这是一项综合性设计，需要结合人机工程学、图形学、心理学、计算机科学等多个学科领域的知识，深入到用户与系统交互过程中的方方面面，更为注重对用户心理和情感因素的研究。

6.2　移动Web用户体验

基于以上用户体验概念、内涵及涵盖范围的研究，移动Web产品的用户体验可以描述为在用户需求、目标、动机等驱动下，开展的用户与系统的交互过程及全部感受。移动Web产品的用户体验以网络和信息系统为体验环境，以用户为体验主体，以用户的心理和情感为体验内容。在此过程中，系统环境、视觉环境等客观因素和用户情绪、动机、情感等主观因素对用户体验都有着一定的影响。

移动Web用户在产品体验时的感官、行为、情绪是融为一体的，从用户进入产品界面到体验结束，各种感官感受、视觉行为、交互行为、心理活动、情绪反应交织在一起，相互激发，融为一体。图6-1反映了移动Web用户在产品体验过程中的各种交互行为、情绪反应及心理活动。用户从接收到信息界面的感官信息开始，通过多种交互行为引发了界面的变化反应，响应和满足了用户的各种使用功能及情绪体验需求，在体验过程中，建立起用户与产品之间的信任、依赖与用户再度体验的渴望。

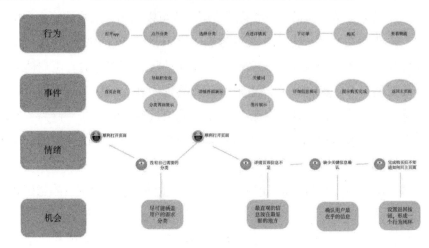

图6-1　移动Web用户行为及心理活动

对应于诺曼关于认知体验的三个层次，移动Web用户体验涵盖从本能层的感官体验，到行为层的互动体验，再到反思层的心理与情感体验，层层深入，融为一体的综合体验过程。

6.2.1　感官体验

随着信息科技与网络通信技术的发展，特别是在5G网络和传感器技术的推动下，移动Web用户可以借助于视、听、触、嗅等多种感官方式获取综合体验信息，但目前移动Web产品的用户感官主要以视觉和听觉感知为主。移动Web产品的用户体验过程中，图像、本文、视频、虚拟空间等视觉信息以及声音等听觉信息刺激用户感官，激发主体意识引导用户行为参与系统体验，伴随着主体心理及情感变化。在此过程中，以手势为主的交互操作触发各种能够刺激用户感官的信息，感官活动引发的思维活动便形成主体意识，在主体意识的支配和引导下，身体发出各种行为参与系统的信息交互，界面的连锁反应与源源不断的信息交互使主客体融为一体，共同构建无限循环、交互感应的信息交流状态和体验意义空间。

系统界面提供的感官信息是交互行为的刺激因素，是情感体验的最初来源。用户通过不同感官获取各种信息，整合加工，形成感知思维，进而引发用户的心理活动和情感反应。以用户为中心的产品体验设计提倡多感官体验理念，打破以视觉为中心的体验概念，以多感官信息刺激协同激发用户全方位的情感反应：多感官体验能够激发用户与系统的全面交互感应状态，多通道感官信息从多个角度激发用户与产品系统的多维互动，促发多个通道的心理情绪与情感反应，实现全面综合与深度体验的目标。

6.2.2 交互体验

用户在与移动Web产品系统交互过程中，以手势、语音、指纹、面部表情等用户信息输入，触发系统界面的信息反应与环境变化，系统以界面视觉元素激发和引导用户的交互行为，以信息交互和功能反馈满足用户需求，形成无限循环、交互感应的信息交流状态。在这一过程中，用户的强烈参与感缘于用户需要投入感官、行为、思维、情感等主体因素。综上所述，移动Web交互体验过程可以描述为，用户行为触发的系统智能响应与信息界面的连锁反应，界面信息变化反过来影响用户行为的双向互动过程。在这一过程中，交互体验过程的影响因素主要表现为以下几个方面：

用户行为：感官刺激是一切体验的开端，而用户行为是触发系统变化的外在因素。移动设备人机交互过程中，用户通过手指、语音、眼动、脑电等身体行为作为人机交互的信息输入，对交互体验过程起到直接的触发作用。信息输入的方式（手指、语音、眼动、脑电等）、接口（系统界面的信息输入位置）、内容、频次直接决定了交互体验的内容与形式。

系统智能响应：用户信息输入引发信息系统的智能响应，响应的速率和方式影响着用户的交互体验感受。灵敏的系统智能响应能为用户带来顺畅的交互体验，反之，如果系统响应迟缓卡顿，就会引起用户焦虑和烦躁的情绪，带来糟糕的用户体验。智能响应取决于系统的硬件、内存、程序设计等方面，目前的智能手机对系统智能响应都有着极致的追求，系统反应灵敏也成为用户选择手机的一项重要考量。系统响应速率的提升对智能手机的功能性和娱乐性都有着重要的促进作用，极速响应的快感对用户有着极大的吸引。当操作得到瞬间响应，指令得到瞬间反馈，需求得到瞬间满足，让用户尽享快速响应带来的交互快感。

信息界面的连锁反应：人机交互中的移动Web信息界面往往是处于不断

变化当中的,以系统界面的连锁反应带动系统功能反馈,实现其信息功能和体验功能。信息界面的连锁反应,其过程呈现出动态性、连续性、交互性和差异性的特点。其动态性和连续性表现为系统界面和信息环境在用户行为的刺激下不断地变化,其交互性表现为用户在每一个环节的感官、行为、思维与情感参与到每一个时间点、空间点,其差异性表现为系统界面的连锁反应因主体和环境的差异而表现出不同的过程和特点。

6.2.3 情境体验

"境"是中国境界说的美学思想,代表着一种精神领域的时空环境。"情境"来源于现实,是指意义建构时的时空环境。与固定环境相比,移动Web用户所处的时间和空间在不停地发生变化,情境也处于流动状态。移动Web用户的情境体验是指用户在信息交流过程中建构起来的自身与屏幕互通融合的时空环境,可以是现实生活中的体验到应用界面的迁移,可以模仿现实中的某个物体来设计界面,也可以模拟现实中的某种操作创建交互,例如Slate的导航,使用户能够像翻阅真正的杂志一样翻阅应用界面。此外,移动Web用户的综合信息体验也是一种情境体验,这里的"情境"来源于信息环境、裹挟着主体情感、伴随着主体反应。用户与系统之间的信息交互同样是一种情境交互,感官体验与交互体验相互刺激、互为作用、融为一体,形成移动Web产品的情境体验。

移动Web用户的情境体验是用户感官和心理的全身心投入过程,可能表现为人机合一的情境体验,也可能表现为沉浸式的情境体验。当用户以感官、行为、思维、情感的全身心投入,以及系全面快速的系统智能响应、自然流畅的人机交互,将用户代入人机融合的情境体验时,表现出主客体融合、交互感应的体验状态,赋予交互对象人性化特点。移动Web数字世界通过人机合一的情境体验打造沉浸式的主体体验。沉浸式体验表现为人与数字世界的共生关系,尼葛洛庞帝在其著作《数字化生存》中提出人与数字的共生关系。数字技术建构的信息世界,以丰富多元的感官信息全方位调动人们的感官、行为、思维与情感体验,数字交互技术的发展为用户提供了更为紧密的与数字世界连接的关系,如传感器、穿戴式体验设备,人们可以忽略形体的障碍,从感官和心理上实实在在地投入到数字信息世界，重新建立人在虚拟世界中的主体体验。

6.2.4 情感体验

情境在激发人的情感方面具有特定的作用：移动Web用户体验中，人是体验的主体，而人的心理和情感是复杂而变化多端的，容易受到外界信息和自身行为的刺激，也始终存在于信息变化的环境中。但这种刺激是双向的，人的情感反应同样会带动交互行为从而再度引发信息环境的变化。因此，情境体验裹挟着用户的心理和情感体验，移动Web产品系统通过与用户的全方位互动增强人的心理情感体验。

移动Web产品的人机交互情境体验过程中建立起相互依存的情感。这种情感建立在人与数字世界的共生关系之上的。首先是情感上的认同，移动Web产品通过满足用户需求得到用户的情感认同，人机融合的体验带来用户对数字化信息世界的认同感。其次是记忆，诺曼在《情感化设计》一书中提到，回忆能够增强自我意识，而自我意识是人类的基本属性。用户通过对体验过程的回忆增强对数字信息世界和自我形象的认可，并进而产生留念和依赖。因此人们会沉迷于手机网络应用并产生严重的心理依赖。这些都是情感体验对用户心理产生的影响。

用户的情感体验是基于其思维活动和心理活动的，由身体的感官和行为活动引发，伴随着情绪、想象等主体情感状态。移动Web应用涵盖了用户行为意向的丰富地图，满足了不同用户在不断变化情境下的动机任务，达成使用目的。在满足用户使用需求、执行动机任务的变化情境中实现情感体验。

移动Web产品的用户体验的深层次目标是用户的情感体验。用户的动机与行为，系统的响应与反馈，引发用户情绪与情感反应，受到主客观双重因素的影响。这里的主观因素表现为用户的自我情感认知，客观因素表现为产品系统环境。与情境体验相类似，情感体验同样表现出差异性，不同的个体、设备、环境会导致不同的情感体验状态，甚至细化到每一个时间节点、空间节点都可能发生影响情感体验状态的变化因素，因为环境是多变的，而情感是细腻复杂的。主观层面上，有着不同经验、经历、年龄、性别的社会群体对产品界面的认知存在较大的差异。另一方面，用户情感体验的群体特征决定其存在着一定的共性，成为移动Web产品用户情感体验设计的基础。

6.3 移动网络技术对用户体验的提升作用

基于以上用户体验概念与内涵的研究，进一步探讨移动网络技术对用户体验的提升作用，特别是5G网络通信技术发展带来移动网络信息传输的高速率、大容量、低时延、高可靠性等特点。通信技术的发展带来信息容量的增加、信息传输速率的提升以及系统体验的流畅性，带来移动Web用户信息交流方式体验方式的重大变化。

6.3.1 用户体验升级

技术和流量的升级，拓展了用户感官，外化信息技术服务带来内化感官综合体验。作为后现象学代表，伊德着力探究工具技术的本质意义，重点研究了"身体—技术—世界"之间的具身关系（embodiment relations），并解释在这种关系中，身体以一种特殊的方式融入技术构建的世界中，借助技术提升感知能力，扩展感知范围，并将感知到的内容重新转化为身体的知觉与感觉。

特别是5G网络通信技术的发展，带来信息交互速率和容量的全面提升，全方位拓展了移动网络环境下的用户体验。主要表现为更为全面的信息感知，更为智能化的信息交互，以及更为沉浸式的信息体验。

6.3.1.1 全面信息感知

信息技术的发展，大大提升了信息传输的效率和容量，无论是文本、图片、视音频，还是虚拟现实、增强现实空间，各种媒体形式得到流畅的信息传输，大大提升了用户获取信息的效率。同时信息传输形式更为全面丰富，涵盖了文本、图像、视频、VR空间现实空间等丰富的媒体形式，共同构建内容丰富、形式多样的移动网络信息环境，移动Web用户可以从视听嗅触等多个维度去理解信息，构建全方位多感官的信息感知体验。

6.3.1.2 智能信息交互

移动网络结合AI技术赋能趋势的强化，催生了更为智能化、个性化、便捷化的信息推送服务：随着智能设备的升级，触屏技术的发展，方向传感器、旋转矢量传感器、光线传感器、压力传感器等技术的使用使得智能终端的触屏操作更加灵敏，触发更为精确的信息反馈和更为高效的信息互动。触屏方法的多样性和传感设备的灵敏性赋予用户更为自由的交互方式。通过采集和分析用户信息与行为，智能推荐技术与智慧推荐算法为用户提供了更为精准全面的信息服务，智能终端设备能够根据用户行为推荐更为符合个体需求的阅读信息，同时触发更具个人特点的信息连锁反应。

6.3.1.3　沉浸式互动体验

移动Web用户的沉浸式互动体验主要来源于两方面，一方面是技术赋能催生多元可感的信息场景：超高清视频、VR/AR技术、AI技术的应用，为移动用户带来更加多元可感的信息体验场景，增强现实技术使得移动Web用户体验融合线上线下资源于一体，真实与虚拟相交融；另一方面是自由灵活的信息交互契合用户身体感知：充分利用手指的灵活性进行触屏交互，语音交互大大方便了身体与界面的自然交流，并且随着手持终端设备和声像体验技术的发展，立体场景、3D环绕立体声、可穿戴设备，共同打造立体沉浸式的信息互动体验。

6.3.2　主体体验重构

梅洛–庞蒂（Maurice Merleau-Ponty）提出了"具身"（embodiment）的概念，即身体与技术融合为一个有机的整体，身体借助技术提升感知能力，扩展感知范围，技术与身体的紧密联系与相互作用形成了"具身"体验，技术成为身体的一部分。他还提出，身体成为感知和完形物体空间意义的基础，这一点与格式点心理学的观点非常类似。现象学视角下的身体是意义之和，屏幕成为"可见的"具身技术存在。移动网络环境下的体验主体被重新定义为身体与技术的结合，可以称之为"具身屏幕"。借助于网络与屏幕，移动Web用户的主体体验形态已发生了根本性的变化。

6.3.2.1　体验主体的符号化

德国学者卡西尔将人定义为符号的动物。移动网络以屏幕为显示终端，屏幕里呈现着由数字技术构建的信息世界，数字信息世界里的用户成为一种"具身"的主体符号，体验着丰富多彩、变化多端的符号世界。数字世界是一个虚拟世界，网络空间其实是一个符号化的体验空间，以图、文、影像等媒介符号重新构建的符号世界，映射着物理世界的信息内容。

作为移动网络环境的"具身"体验，身体与技术共同构建的主体体验符合兼具"人"的主观能动性与技术的延展性，身体的感官与动作借助于屏幕技术、传感技术，触发着屏幕世界的信息变化，在与屏幕交互过程中重新定义主体的意义，增强主体体验，重构了人的审美价值、思维活动和意义情感，拓展为屏幕网络世界中的技术化符号化的人。

6.3.2.2　审美体验的重新塑造

海迪·沃森（Haidee Wasson）说："屏幕是精心设计的技术装置的构成部分，参与影像经验和审美的形塑。"屏幕通过由尺寸、颜色、形状、清晰度等构成的界面视觉形态，激发人的感官、情绪和情感体验，重塑人的审美体验。

借鉴台湾学者叶嘉莹提出"兴发感动"的体验层次理论，用户对于移动Web信息界面的审美体验过程由"官能的触引"到"情感的触动"再到"感发之意趣"，先是由信息界面的视听语言信息刺激人的感官体验，进而引发情感和精神层面的体验。移动Web信息界面的图、文、版式、运动、布局、声音等视听语言符号构建了第一层次的感官体验；用户与信息的双向互动传达了人的意义与情感，构建了第二层次的情感体验；信息互动过程给用户留下的记忆、想象、联想等，构建了第三层次的意趣体验。

移动Web用户的审美体验伴随着信息互动过程，在此过程中人们对视觉符号和听觉符号的选择体现了人的审美意象和审美偏好。深入研究用户的审美意象与偏好，构建符合大多数目标用户群体审美特征的信息界面才是移动Web产品视觉设计的正确选择。同时，移动Web用户的审美意象与偏好会在不断的信息互动中得以重新塑造，久而久之，人们仿佛更加喜欢更为熟知的形式，而不是去思考哪一种形式更美？随着体验的增多，移动Web用户的审美倾向和审美体验在不知不觉中发生变化。

此外，移动网络对用户审美体验的重塑还体现在技术带来的数字之美、变化之美、速率之美和响应之美，由数字技术构建的移动网络世界，对用户行为快速响应的智能系统，和充满互动与变化的信息体验空间，带给用户全新的体验快感并转化为心灵感知的力量。由于数字技术的特点，移动Web用户审美体验消除了距离感，增加了融入感，这些都是人们在网络世界建构之前从未体验过的，用户在移动网络和数字技术构建的全新审美体验空间中的行为与感受，也是其审美价值的有效传达。

6.3.2.3　思维活动的双向传达

移动Web用户体验是由感官体验引发交互行为，触发思维活动和心理活动的过程，反过来，思维活动和心理活动又对人的感官与行为活动产生影响，也就是，感官信息通过界面传达给大脑，控制人的行为选择，再通界面的信息变化再度传达给感官及大脑，构成一个不断循环往复的过程。思维活动受到感官活动和行为活动的影响，体现了人的主体意识，主体意识通过操作选择所引发的信息界面的变化得以传达，充分展现了人的思维活动在身体与界面之间进行双向传达的过程，信息界面与体系的演变与用户思维活动的变化相辅相成。由移动网络和数字技术构建的全新体验环境，带给人们多种多样的信息刺激和复杂多样的体验过程，在这些过程中，人的思维感知能力也得到不断的训练，发展为屏幕化数字化的思维形态，具体表现为思维活动的流变性和双向传达的特点，交互界面被赋予了人性化的特点。数字技术的虚拟性、信息传达的双向性和智能响应的即时性，催生出快速变化、高度敏感的用户思维活动。

6.3.2.4　意义情感的重新表达

移动Web用户的信息交互过程触发着人的内心活动，并通过界面信息的变化传达出来。具体表现为不同的心理感受，例如功能实现后的满足感、系统瞬间响应的体验快感、视觉界面的舒适感等。这种内心活动是建立在思维活动的基础上，由具体的感官信息或行为活动引发，伴随着情绪和情感反应。情绪和情感反应也是多种多样的，如经历顺畅体验时的愉悦感、经历未知体验时的好奇感、经历挫败体验的烦躁感等，并且可能随着界面环境的改变而在短时间内发生变化，而这些都是由移动网络信息世界的瞬息万变所赋予的特点。

此外，移动网络世界赋予用户的全新情感体验还包括共生感与沉浸感。技术与身体共同建构的"具身"体验，将主体意识与数字世界融为一体，发生对体验世界更为积极的卷入。同时，身体与技术不断发挥着主体体验与数字世界双向传达的中介作用，以及主体体验与数字世界相适应相融合的调节作用。屏幕前身体和屏幕中的世界由于处于自由的流动互动和频繁的内外互动，打破了传统相对固定的空间情境与主客界限。主客体验的融合感导致更为强烈的情感依赖，甚至有人达到沉迷于网络世界无法自拔的地步。这种共生感与沉浸感是一种全新的心理暗示，即人与网络世界的难以分离，很多人离开了网络世界会表现出焦虑不安和无所适从，产生越来越严重的媒介依存症。在由数字技术构建的信息世界与主体意识共同构建的意义空间所带给人的情感体验已超越以往任何一个时代，表现出强烈的融合感和依赖感。

6.3.3　认知体验变化

根据诺曼提出的人类对事物认知的体验分层理论，移动网络环境下的用户认知体验同样是从感官层的信息获取，到行为层的信息交互，再到反思层的心理活动的过程。但不同的是，用户移动网络信息的认知过程表现出更为复杂的特点：信息元素的多样性、信息交互的多重性、信息传达的随机性与碎片化，导致信息获取方式与体验方式的转变，进而导致用户认知体验的变化。

6.3.3.1　信息感知的复杂化与感官能动性减弱

信息系统的升级和视觉符号的重组导致移动网络用户感官信息体验的复杂化、碎片化、综合性。首先，移动网络环境为用户提供了更为全面丰富的信息资源，借助于智能设备的界面交互，信息传输呈现出复杂多变的特点：智能媒介复杂多变的信息环境和连续交错的信息界面提供了更为复杂多变的信息内容，感官信息加工整合过程也更为错综复杂；其次，网络信息的碎片化、用户操作的个性化以及系统推荐的智能化，使得感官信息的传输与加工呈现出个性化和碎片化的特点；最后，移动网络环境下的信息感知是一个综合体验的过程。传统数字媒介更为强调阅读者的视觉体验与信息接收，而移动网络环境下的信息体验更为强调综合性的互动感知体验，用户参与到信息感知的互动体验过程中，其自身感官体验在信息内容意义共建过程中起到了显著的作用。

　　但同时，视觉符号的丰富繁杂和系统引导性的增强导致用户信息感知能动性减弱：移动网络信息体验环境中，视觉感知仍然是阅读信息获取的主要方式，视觉浏览与视觉搜索仍然占据着主导作用。无论信息元素的多样性如何拓展，视觉仍然是感官获取信息的主要渠道。但随着设备和技术的发展，视觉发挥作用的主观能动性降低：传统数字媒介强调信息的主动获取，而借助于智能设备的移动网络信息媒介以更为强大的智能推送、场景转换和信息互动，在很大程度上替代了用户的主观能动性。同时基于AI技术和大数据构建的智能信息系统服务取代了一部分用户视觉搜索的功能，即根据用户行为特点的智能信息推送使得信息的获取更为便捷和被动，在一定程度上增加了用户感官活动的惰性。

　　6.3.3.2　信息交互方式的多样化与行为能动性增强

　　交互与传感设备的升级促进信息交互方式的多样化。移动网络环境下的信息交互以触屏操作为主，同时借助于互动装置，移动端用户可以通过声音、表情、手势、动作等向应用界面发出信息需求信号。随着传感器技术的发展，移动端用户的信息交互已扩展至视、像、音、触多种方式。

　　交互方式的多样化，信息互动渠道的拓展，增强了移动Web用户交互行为能动性，交互行为在移动网络信息交流和意义共建中起到重要的作用。与传统数字媒介的信息输出过程不同，移动网络信息传播过程更多地表现为双向互动的信息交流与意义共建。这种双向互动表现为，一方面，用户发出的需求信号，触发界面信息反馈从而获取信息；另一方面界面信息反馈激发用户进一步的感官、行为和心理反应。交互行为成为用户参与网络信息内容意义共建的关键因素，在信息互动体验中发挥着关键性的促进作用。

　　6.3.3.3　心理体验的重新构建

　　根据诺曼的体验分层理论，移动Web用户的心理体验是建构于信息感官体验和信息交互行为体验的基础之上。信息感官体验和信息交互行为体验的变化，直接导致移动Web用户心理体验的重新构建。具体表现在以下几个方面：

　　1. 信息感官体验的复杂化、碎片化直接导致思维认知加工的复杂化、碎片化，导致用户心理活动的复杂变化与思维发散，思维活动的凝聚整合也变得更为困难，这也是网络阅读难以加强用户记忆的重要原因；

2. 感官能动性的减弱与行为能动性的增强，提升了移动Web用户的行为卷入程度，而降低了思维卷入程度，交互行为的干扰，信息感知的碎片化，使用户对移动网络信息的理解难以深入。

以思维活动为基础，反思层面的用户心理活动也同样表现得复杂化、碎片化与浅略化。但另一方面，视觉符号的丰富性，信息互动的趣味性，提升了用户体验的愉悦性，加上以用户数据为基础的智慧体验设计服务直指用户兴趣偏好，会产生一定的系统体验黏性，导致用户对移动Web体验空间产生一定的心理依赖。

第七章　基于视觉心理模型的用户体验设计原则

根据诺曼的体验层次理论，网络环境下基于人机交互的用户体验可理解为本能层面的视觉认知与反应、行为层面的使用体验与感受以及反思层面的心理与情感反应。与事物认识的普遍过程相同，移动web用户体验同样是由浅入深的，从本能层的视觉感官体验，到行为层的信息互动体验，再到反思层的心理与情感体验。具体到设计实践，移动Web产品的用户体验设计，是在用户研究的基础之上，把握移动Web产品的设计原则，深入挖掘用户的需求、动机、目标，以设计出符合用户体验需求与行为习惯的优良产品。

结合移动Web用户的视觉心理研究，深入挖掘和利用用户视觉感官的认知机构及视觉心理的情感特征，把握好用户的视觉规律与特点、视觉行为习惯和视觉心理特点进行移动Web用户体验的综合设计。优良的移动Web用户体验设计需要具备以下充分条件：以用户心理预期为目标，满足用户的视觉与心理体验需求；呈现给用户舒适美观的信息交互界面，带给用户良好的视觉心理感受；实现完整流畅的系统功能，使用户能够顺利地体验系统的各个环节而尽量避免卡顿。对应于移动Web用户视觉心理模型的三个层次，探讨移动Web用户体验设计目标与设计原则，并在此基础之上，探索满足用户视觉心理需求，符合用户行为体验习惯的移动Web用户体验设计方法。

7.1　用户体验设计相关概念

移动Web用户体验设计的具体内容涉及用户界面、交互设计、用户体验设计等概念，理解和厘清这些概念有助于我们更好地理解用户体验设计方法与过程。

7.1.1　用户界面设计

7.1.1.1　理解用户界面

用户界面（User Interface），简称UI，是移动Web呈现给用户最直观的部分，我们应当如何去理解用户界面呢？

首先，用户界面是移动Web产品的重要组成部分，作为信息元素的组合与呈现载体，用户界面是移动Web产品最直观的内容，是自上而下用户体验最顶层的部分，也是用户最先接触到的部分，直接触发用户的视觉行为体验。

其次，用户界面是信息系统的组织形式，Lumertzab等提出以图形构建信息系统用户界面的元模型，元模型整合了多个信息系统中识别的一组用户界面模式，每个用户界面模式都有一个图形表示，还使用基于图形的可视化语言以图形方式描述了元模型。

此外，用户与系统发生信息交流的纽带与桥梁，用户的一切交互行为通过用户界面传达到系统，系统的一切信息反馈通过用户界面传达给用户。因此，用户界面设计的好坏直接影响移动Web应用的用户体验效果。

7.1.1.2　用户界面（UI）设计

用户界面（UI）设计是一个复杂工程，需要结合认知心理学、图形设计学、人机工程学等多门学科的理论与方法进行综合设计。移动Web应用自发展以来，其用户界面（UI）设计受到了广泛的关注和研究。张亚先研究了移动Web应用的界面符号；刘心雄等研究了特殊情境下的触屏手机界面设计；重点研究了移动Web应用的可用性设计；刘业政等则重点研究了移动Web应用的可用性设计。

UI设计涉及的范围很广泛，涵盖对应用界面的视觉设计与交互设计，通过综合性设计呈现出美观好用（可用性）的信息界面及操作简单（易用性）顺畅的交互界面。具体的设计内容如下：在充分考虑用户接受、理解、认知、使用规律的基础上，通过界面元素的外观与布局，打造简单美观易用的信息交互界面，帮助用户正确理解信息，引导用户通过界面操作顺利完成任务。UI设计对象包含基于信息架构的信息交互界面体系，用户的任务或目标往往要多个信息界面的组合才能完成，不同的信息界面包含不同的界面元素和任务内容，多个信息交互界面组合为完整的用户界面体系，以实现多项功能。通俗来讲，就是安排好能让用户与系统的功能产生互动的界面元素，包括按钮、图标、导航、链接等。功能型产品的系统框架通过用户界面加以整合与呈现，通过对界面功能图标和信息元素的组合呈现系统内容。通过界面，用户能真正接触到那些在"结构层的交互设计"中"确定的具体内容"。

UI设计的三大原则：信息界面的可用性，交互操作的易用性，及信息界面的一致性。在考虑用户审美和心理感受的前提下，还要符合用户的视觉心理模型。早期的用户界面（UI）设计更为关注软件的视觉界面，类似于用户图形界面（GUI）设计的概念；但随着用户体验概念的提出与发展，用户界面（UI）设计越来越关注用户的内在感受给移动Web应用的界面设计及交互设计带来的影响，以提升移动Web应用产品的人性化体验设计。

7.1.2　人机交互设计

交互设计（Interactive Design）定义的是用户行为和沟通的工具和进程，促进用户和对象、服务、创造和物理或虚拟环境之间的沟通，允许用户操作这些对象、服务和环境。交互设计是在界面设计的基础上，创建简单易用的操作内容和方法，在早期的模糊概念中，交互设计曾被归类到"界面设计"的范畴内。但近年来，随着信息设计的发展和设计领域的细化，交互设计已经发展为一门独立的学科，且交互设计理念逐渐由可用性设计转向以用户为中心的交互设计。Colborne研究了以用户为中心的简约交互设计原则，广泛适用于移动Web应用产品。这一领域的国内研究侧重于交互方法与交互体验研究。

人机交互设计，顾名思义，是人与机器之间的信息交流、沟通方式的设计，这里扩展至用户与软件系统、产品对象、或信息环境之间的信息交流、沟通方式的设计。移动Web应用的人机交互设计定义为用户与信息系统之间的沟通行为、工具和进程，涉及信息系统的交流和变化过程。

交互设计关注于可能发生的用户行为以及系统对用户行为的响应。信息界面引发用户行为，触发系统响应，更新信息界面，引发用户进一步的行为与系统进一步的响应，再次更新信息界面。源源不断的交互响应状态构成完整的交互体系。移动Web应用的人机交互设计旨在提升用户与产品的交互效率和满意度，同样涉及用户对系统的感知易用性和感知可用性，即人机交互方式是否便捷易用，系统信息交流是否准确有效，是否对用户友好且有帮助？

7.1.3 用户体验设计

用户体验设计（User Experience Design）是一项复杂的综合性设计，涉及用户及系统的方方面面。移动Web应用自发展以来，从早期关注可用性工程的产品设计，到以用户为中心的用户体验设计，设计理念已发生了重大转变。与建立在人机工程学基础上的可用性设计相比，以用户为中心的用户体验设计更为关注人的心理与情感状态在设计中发挥的作用，围绕着用户的真实动机与需求，将人的感受贯穿到整个设计流程，这也比较符合诺曼提出的情感体验设计理念。真正地了解用户的动机与目标，在合理有效评估用户心理与情感状态的基础上，才能实现良好的用户体验设计。另一方面，需要了解用户在体验过程中可能产生的负面心理及情感状态，对不恰当不合适的设计进行修正，保证人机界面之间的协调工作，减少不良用户体验。

以用户为中心的用户体验设计更为关注用户自身的状态，包括感官、行为与心理状态。国内外学者围绕用户的感官感受、行为活动和心理情感等主体因素展开了深入的研究。例如，Allanwood从用户动机、情感、记忆、直觉等方面研究了主体意识对用户体验设计的影响。国内移动Web应用用户体验领域的研究也在逐渐成熟和完善，目前国内各大IT公司以及设计领域都较为关注用户体验领域的研究，大量借助于网络平台和数据挖掘的用户体验调查，以及实际应用研究，而从心理和认知等领域深入剖析用户在产品使用过程中的内在心理感受的研究较为稀缺。国内基于用户心理的用户体验研究与国外相比还相对较少，而从用户内在感受出发以改进产品设计的研究也相对薄弱。

7.2 基于视觉心理模型的移动Web用户体验设计目标

以用户为中心的移动Web用户体验设计需要深入挖掘用户的动机与目标，在充分了解用户需求与习惯的基础上，结合用户视觉心理模型，开展综合性的视觉设计、交互设计与情感体验设计。在充分考虑用户感官接收与认知规律的前提下，通过合理设计信息界面与交互系统，实现良好的用户体验。在设计实践过程中，需要将抽象的用户体验概念转化为实际可执行的设计要素，通过对移动Web用户需求习惯、视觉心理的充分研究，对信息架构与逻辑系统的科学分析，以及对系统界面的合理设计实现优良完整的用户体验设计。

对应于移动Web用户视觉心理模型的三个层次，移动web产品的用户体验设计旨在通过完善的系统与界面设计实现优良的用户感官体验、行为体验和心理情感体验，具体通过信息界面设计、信息交互系统设计和信息体验环境设计来实施和表达。

7.2.1 简洁高效的信息界面

移动Web用户通过信息界面获取系统信息，实现系统功能。在此过程中，信息界面起到重要的沟通传达作用，是用户与系统之间信息交流的载体与纽带。

根据格式塔心理学对人的知觉的剖析（第三章中的论述），用户追求简洁完美的信息界面，"完形压力"的用户感知心理要求均衡完整的信息界面，同时结合移动Web用户界面可用性设计要求，信息界面还要具备信息组织形式的高效、易于辨识、易于操作等特点。一个设计良好的信息界面首先要满足用户的信息与功能需求，将用户最为关切的内容呈现于最容易被关注到的地方；其次要符合用户的视觉规律与特点，促进信息的认知与接受；再次要组织好信息界面结构与交互逻辑关系，使得用户能够以轻松简便的方式获取操作内容和方法；最后，还要综合考虑到用户的审美习惯与心理感受，优化信息体验环境。具体执行过程中经常考虑到的问题如用户第一次打开界面时，最希望获取的信息内容，例如，当大多数人都希望在快速搜索的结果中显示更多细节内容，那么在界面中保持"显示更多细节"为默认选项，就会让大多数用户感到满意。

从外观的角度来看，系统设计是由产品的功能决定的，但用户直接接触的部分——按钮、文字、图片、布局等外观要素的合理设计形态并不是由系统功能决定的，而是由用户自身的心理感受和行为体验决定的。界面的外观布局元素并不是"能用就好"，而是要达到"好看好用，吸引用户"的目标。

从功能的角度来看，互动体验以信息界面交互的方式展开，用户之所以能够从移动应用界面获取信息内容和系统功能，一方面来自于移动web用户直观的感官信息获取，另一方面来自于产品信息界面的实时交互。

为了更好地发挥好信息界面的双向传达的作用，首先，信息界面应当具备一定的美观性，满足用户的审美体验需求，人们都喜欢美好的事物，良好的视觉观感才能带来舒适的视觉感受，视觉上亲近与接受的愿望才能加深进一步的体验欲求。而界面的美观性体验在视觉设计上，风格、版式、布局等视觉设计要素共同决定了移动Web产品的美观性，打造信息界面呈现的第一视觉印象。

其次，亲切舒适的信息界面是用户认同移动Web产品的前提，如果一个移动Web产品界面让用户感到眼花缭乱、心烦意乱甚至是焦虑崩溃，很容易被用户拒之千里之外，再好的功能设计也无法获得用户进一步的体验，更无从说起认同。视觉上的舒适感是Web产品界面设计十分强调的内容，一般而言，在界面形式上，简洁、大气、自然的交互界面更容易受到用户的认可。在内容设计上，认真研究用户的视觉规律和行为特点，在用户视觉和行为习惯的基础上，设计相应的功能模块，以提高界面对于用户的引导性，而使用户能够快速投入到界面的使用过程中。

此外，信息界面需要具备高效传达的功能。移动Web应用受到设备屏幕的限制，如电脑屏幕尺寸通常为1024*768，1280*720，1920*1080，1366*769等，而其屏幕的物理宽度通常有12英寸、13英寸、15.6英寸、23.8英寸、27英寸等。手机屏幕分辨率因品牌和机型有所差异，目前较为主流的有720p（720×1280），1080p（1080×1920），2k（2560×1440）等，其屏幕的物理宽度通常有3.7英寸——7英寸不等。但相比于电脑屏幕，手机屏幕的物理空间宽度受到了较大的限制，因此其界面显示要求简洁、美观、成熟，能够更为高效地传达重要信息，同时符合信息时代新兴用户群体的时尚和个性化追求。在相对更为狭小和有限的物理空间内传达有效信息，对产品信息界面的设计要求更高，其配色、布局、图标、图形等都影响着用户对信息的直观感受和信息传达效率。

图7-1　淘宝首页电脑版与手机版

由于界面物理尺寸的限制，移动Web应用的界面设计要求更为简洁高效且布局合理，如图7-1所示。相比于电脑屏幕，手机屏幕的操作空间较为有限，过于拥挤的界面元素布局容易导致视觉辨识度差、操作选择困难等问题，简洁直观的界面元素便于用户查看、选择与操作。清晰的界面和便利的操作有助于将用户更好地带入移动Web应用的界面空间，开启信息与功能体验。

7.2.2　流畅易用的交互系统

系统交互是移动Web应用用户体验的核心内容，提供方便有用的交互系统是移动Web应用设计的首要任务。良好的移动Web用户体验效果体现于用户的感知易用性（Perceived Ease of Use，EOU）和感知有用性（Perceived Usefulness，PU），技术接受模型提出，用户的感知易用性和感知有用性共同决定了用户的使用态度。这里的感知易用性EOU是指用户能够感受到的系统便于操作、容易使用的程度；而感知有用性PU是指用户能够感受到的系统使用的功能与效率。当用户感受到系统方便好用时，便会提高其使用的积极性，进而促进工作绩效的提升，可见，交互系统的感知易用性对其感知可用性有着积极的促进作用。技术因素影响人的使用态度，同时人对信息科技的选择和使用受其行为意图的影响，二者互相作用，共同影响着信息系统的使用情况。

7.2.2.1　系统操作的易用性

方便易用的操作系统能够增强用户的使用意向，为用户提供容易理解、容易使用且能够有效互动的产品系统，使用户清晰地感受到系统的便捷易用。感知易用性的提升促进感知有用性的提升，有助于系统功能的发挥。因此，移动Web应用首先要提供容易理解且简便易用的操作系统，当用户操作时，感受到系统的友好，增强体验的意愿，促进信息的交流。必须充分考虑用户的操作习惯，在与系统发生交互时，用户的界面操作触发系统反应，满足用户需求或完成用户目标。系统的感知易用性主要体现于简洁高效的信息界面布局和便捷易用的界面操作方式，打造符合用户视觉习惯和使用习惯的系统界面是提升系统操作易用性的根本途径。在符合用户触屏操作习惯的基础上，合理布局导航图标、切换标签、页面链接等，能够合理地引导用户进行有效的信息交互，有助于系统操作易用性的提升。

7.2.2.2　系统性能的流畅性

系统数据传输的流畅性是系统功能实现的重要保障，为了实现及时流畅的信息交互体验，移动Web产品信息系统需要具备高效的数据传输和信息交互能力，具备在各种信息环境下实现便捷的信息反馈、错误处理和减轻系统负担的能力。系统性能的流畅性取决于诸多方面，如系统容量、加载方式、用户端计算模块的运算能力、网络数据的传输效率等，系统信息数据交互的流畅性取决于服务器、设备性能、系统设计等综合因素。流畅的交互系统才能带给用户流畅的交互体验，但是需要解决诸多的技术问题。

7.2.2.3　自然高效的交互方式

此外，移动Web用户体验设计更为强调互动性。互动让用户与移动Web信息世界融为一体，是移动Web产品的内核功能体现。用户的每一次信息输入，都能够获得即时的系统反馈，获取需求的信息与功能。信息反馈的灵敏性和信息量决定了互动体验的效果，优质的互动体验带给用户无限的趣味与快感，当结束体验时依然产生意犹未尽的感觉，而想要开启再次体验。自然有效的交互方式能够产生更为强烈的用户黏性，从而导致用户对Web产品的向往和依赖。

良好的系统交互体验的感受一方面来源于网络和系统自身，另一方面来源于用户的交互方式，用户倾向于使用更为熟悉的交互方式，例如，用户通过点触、滑动、捏合、拧转等触屏操作进行数据信息的交互较为舒适自然，因为用户在长期的智能产品使用过程中早已养成了一定的触屏操作习惯，只有基于用户熟悉和习惯的操作方式进行交互设计，才能够得到用户更快的接受和认可。反之，当用户熟悉的触屏操作返回按键操作时，用户就会产生别扭甚至不知所措的情绪感受，增加了用户的操作负担。因此交互方式的设计也影响到用户的系统交互体验。而随着触摸传感器与压力传感器的发展使移动Web用户能够以更自然的手势融入移动Web产品的信息互动。

此外，来源于身体其他部分的交互方式，如肢体、眼动、脑电等能够使得用户在更为自然的状态下进行系统交互，这也是目前人机交互技术发展的重要方向。

7.2.3　舒适完善的信息体验环境

移动Web产品的信息体验环境一般由硬件和系统共同构建。移动Web产品系统借助于移动网络信息平台，在硬件方面利用屏幕点触与显示系统，借助于摄像头、传感器、图像识别和声音采集设备等共同打造综合信息体验环境。移动Web信息体验环境最为常见的接收终端为屏幕点触系统，屏幕通过接受用户手指动作，完成指令的传达和信息的反馈。未来随着电子嗅觉、味觉技术的发展，将扩展嗅觉、味觉传感系统，共同打造全方位多感官的综合立体体验环境。各种传感器技术的发展，为用户提供视、听、触、嗅全方位综合感官互动体验的可能性，将增强了移动Web信息环境的沉浸体验性。

舒适完善的信息体验环境给用户带来综合性的情境体验。用户从感官和心理的各个层面全方位地感受和体验移动Web信息环境。当用户全身心投入到信息体验环境中，就会发生沉浸式体验。舒适完善的信息环境、便捷流畅的交互系统以及自然无感的信息交互方式，共同打造人机合一的情境体验。情境体验带来情感体验，即用户对产品和系统的默契、认同感。情境体验与情感体验的相互作用，形成主客体信息环境的融合体验。

7.3　基于视觉心理模型的移动Web用户体验设计原则

为了实现以上设计目标，移动Web用户体验设计需要遵循以用户为中心的设计原则，最大限度地符合用户使用预期和视觉心理习惯，创造出从视觉到体验到心理上能够全面满足用户需求，符合用户习惯的移动Web产品。

7.3.1　以用户为中心原则

早期的产品设计主要体现为以可用性工程为基础的用户行为挖掘和模式分析，随着"体验"概念的提出与发展，以用户为中心的设计原则成为移动Web用户体验设计发展方向。而体验过程正是基于用户的视觉和心理结构。用户的所看、所想、所感贯穿移动Web用户体验设计的整个过程。在充分挖掘用户需求的基础上，以用户目标为驱动，进行系统功能设计与用户体验设计。以用户为中心的移动Web用户体验设计主要体现在以下几个方面：

7.3.1.1　以用户需求为导向

用户需求是移动Web产品产生的动因，而用户需求的满足是产品设计的目标。用户需要什么，系统就提供什么，界面就展示什么，以满足用户需求为导向的移动Web产品才能真正得到用户群体的接受，拥有真正的目标用户群体。

7.3.1.2　以用户目标为驱动

移动Web用户体验以用户动机或目标为驱动，用户目标代表着用户主观意愿上明确期望达成的目的，例如任务的完成、效率的提高、减省时间和金钱的，用户目标具有较强的主观性和稳定性，其驱动能力高于用户需求。用户目标的实现来源于系统设计对任务环节的分析、界面设计对任务流程的呈现，以及交互设计对任务目标的实现。实际体验过程中，用户并不关心系统内部是通过怎样的途径一步一步完成任务的，他们更为关心的是系统操作的结果，能否更为高效地实现目标。而对用户目标或动机的把握来源于对目标用户群体的调研和分析，通过对目标群体深入的调研，模拟重点用户人群的目标与动机，并在系统设计时以此为导向，同时在测试过程中深入挖掘用户的交互行为，以不断调整并优化对于用户目标的理解，真正实现系统功能与用户目标相统一。

7.3.1.3　始终围绕用户视觉心理感受

这里的用户感受包括用户视觉感受和心理感受：例如移动Web应用界面及元素带给用户的视觉感受，界面整体风格与外观，界面元素的颜色、布局、位置、大小、运动等带给用户的视觉感受；系统交互带给用户的视觉心理变化，如信息的反馈、界面的更新、系统信息的连锁反应等；系统体验带给用户的心理感受，如对产品功能使用的满意度、系统信息交互的满意度、对信息环境体验的记忆、情感等。视觉感受往往会激发心理感受，时常表现为视觉心理感受一体的体验状态。

此外，充分理解用户行为的随机性，尊重用户选择，也是建立良好视觉心理感受的重要途径。例如，在移动Web应用登录界面上设置一项非强制性的选项"随便逛逛"，用户可以选择登录，也可以选择不登录，就可以直接进入首页的浏览，这充分地尊重了用户的自主选择权。既增加了用户的体验感受，又使用户得到了应有的自主权。充分理解用户行为的随机性，给予用户更多的选择，能够增强用户对产品的认同，有助于建立用户与产品之间的良好关系。

7.3.1.4　符合用户视觉与行为习惯

以用户为中心的用户体验设计还要充分考虑用户习惯，包括视觉习惯和行为习惯，打造用户良好的用户视觉体验与交互体验。移动Web用户习惯于通过界面来了解应用系统的信息结构和逻辑结构，因此，移动Web应用界面必须符合用户的视觉心理习惯，才能让用户更好地了解整个应用系统，进而带来系统操作的方便。例如，用户习惯于在应用界面的顶部看到应用标题、LOGO；习惯于在应用界面的底部看到页面切换标签（如微信）；习惯于在顶部居中位置看到重要的图片、banner等。同时还要充分考虑用户的行为习惯，以符合用户行为习惯的方式进行交互操作设计，而这些行为习惯的养成是以往操作经验的积累，更有利于建立用户与系统的融合感。例如，用户习惯于以点击的方式打开新的页面或图标；习惯以滑动的方式切换图片；习惯于在页面左上方点击返回按钮；习惯于在页面右上方关闭页面等。

7.3.2 可用性设计原则

所谓可用性设计的最终目标，是寻找令产品更容易使用的途径。可用性设计通过对界面和系统的优化使得用户更为顺利地完成任务或满足需求。可用性设计使得界面元素能够合理布局、清晰呈现，系统图标易于分辨、便于操作。界面可用性设计是实现优良用户体验设计的前提，在此基础之上，移动Web应用系统通过对用户需求习惯的把握，对界面及系统设计的优化、对信息体验环境的完善，从整体上把握和提升用户体验效果。

可用性设计来源于人机工程学角度对移动Web信息界面及系统交互的要求。可用性是用来衡量某个产品在特定使用场景中的有效性（effectiveness）、效率（efficiency）和用户主观满意度（satisfaction）。可用性是衡量移动Web产品功能与效率的重要指标，主要通过界面及系统与用户接触的部分加以反馈，通过界面设计和系统设计加以实现，通过人的感知有用性加以评价和反馈，即用户感受到的一个产品或系统容易理解、容易使用并满足用户目标的程度。

人机交互学博士尼尔森（Nielson）提出了可用性设计的五大原则，即产品或应用系统以可学习性、可记忆性、高效性、可靠性和用户满意度为基本设计准则。为了实现这些设计准则，首先应当考虑人机交互界面的简洁高效，即人机交互界面提供最为主要的功能与信息，需要通过用户调研深入挖掘他们的主要需求和目标，展示到功能界面上，而不是越多越好；其次是考虑系统的便捷易用，系统操作不需要用户有过多的学习和记忆负担，而是能轻松自如地完成系统操作，这一设计目标建立在用户已有的经验、目标和使用习惯的基础之上。

移动Web产品的用户体验设计同样以可用性为基本原则之一，渗透于界面与系统设计的各个环节，包括对界面视觉感受、系统交互与反馈、一致性和可行性等方面的要求，在为用户提供高效满意的信息功能服务方面，与用户体验的设计目标相一致。因此，可用性设计的核心目标与本质追求就是设计开发出简单易用、感受良好的人机交互界面，具体包括界面可用性与交互可用性。移动Web产品通过界面可用性设计实现界面信息的高效传达、主要功能元素的高效识别与快速定位、匹配用户需求的自主选择等；交互可用性的实现则需要系统操作与用户行为习惯的高度匹配、用户能够快速适应系统操作方法、尽可能地减少学习负担和系统迁移负担。

7.3.2.1　界面可用性设计

界面可用性设计的基本要求为信息元素的可辨识度与信息功能传达的完整高效性，信息功能元素的易操作性和无误性；匹配用户需求的自由选择度等。具体而言是指产品界面能够给予用户清晰、准确、有效的引导，包括页面、图片、按钮的有效引导，当用户进入界面时，能够顺利而明确地展开各项操作，获取所求信息，达成体验预期，而不会产生茫然和违和的感受。例如，一些看起来精美却很难用的产品，使用的感受不那么友好，就是可用性设计做得不够好。因此Web产品界面的可用性绝不仅仅停留于视觉观感，更加强调引导的有效性和操作的便捷性，这是在对用户的视觉习惯和行为习惯研究的基础之上实现的。以图7-2中一款图片应用为例，当用户点触缩略图时，界面能够以3D特效切换显示图片。界面可用性设计要求界面元素能够准确传达界面信息，导航图标能够有效传达应用功能；要求界面能够提供可供用户便捷选择和操作的元素（缩略图），以实现应用界面的主要功能；要求界面信息元素的点触操作能够准确无误地实现，而不是容易发生误触误选等。移动Web应用的界面可用性设计从根本上保障了界面信息功能传达的准确性与完整度，以及用户界面操作的易用性和准确性。

图7-2　Web3D图片切换应用

7.3.2.2　交互可用性设计

移动Web产品的交互可用性设计主要是指系统操作的便捷性与信息反馈的高效性，为了实现这一目标，需要遵循以下系统设计要求。

首先，是真实可靠的信息反馈：系统应当使用用户熟悉的语言、概念、词语，最大限度地让用户一目了然界面信息的含义，遵循现实世界的惯例，让信息符合自然思考逻辑。用最直观的界面语言来传达意义，使用的文本应当便于用户理解，使用的图标尽量简洁、直观、明确，而不要让用户在界面信息的理解上花费过多精力。

其次，是及时准确的系统响应：对于用户每一步操作行为，系统给予及时准确的信息反馈与功能响应，让用户清晰地感受到，自己的每一项行为、每一个动作，系统都能够清晰地获取并明确地回应。甚至是一个小小的热区反应，系统都能够及时变化图标形态提醒用户注意此项功能。为了让用户感受到与系统互动的存在感，对于用户的每次操作，都应当给予反馈，如果信息反馈不及时，还应当给予等待提示，让用户明确每一步操作的意义。

最后，要实现用户操作的自由度：需要充分了解用户的操作与使用习惯，特别是手势操作习惯，以便设计出最为符合用户操作习惯，达到最高操作自由度的系统界面。当用户需要通过操作实现某一目标时，尽量减少用户操作的次数，且使用用户最为直观的操作引导，如用户所熟知的"关闭"按钮、后退按钮等通用图标的使用，使得用户的操作更加便捷和自由。

在此基础上遵循以下设计原则：

简约交互原则：无论是界面，还是交互，都应当遵循简约原则，减少无关紧要的操作或信息，而操作中也应当突出重要内容，对操作或信息进行优先级的选择呈现，而移动Web应用中经常以字号或者图标大小来区分显示内容的优先级，让用户能够很快地抓住重点，进行最为有效的操作。

系统操作的容错性原则：比出现错误信息提示更好的是最大限度地避免错误的发生。例如某些操作不能进行，或者某些内容不能选择，就设置为灰色或隐藏，避免用户的错误操作。另一方面，还要提升系统的容错率，即允许用户对错误的操作进行撤销和重做，且将此项操作放置于用户便于识别的位置。

系统操作的识别性：无论用户处于哪一级操作，都能清晰准确地掌握操作信息，而不必要去回想自己刚才做了哪些操作，现在处于哪一级操作，系统都应当给予清晰明确的提示，以减少用户的记忆负担。换言之，前面的操作并不影响当前的操作，以及当前的操作并不影响后面的操作。

7.3.3　一致性原则

移动Web产品用户体验设计与用户需求的一致性是衡量移动Web产品可靠性与可用性的重要标准，功能上能够满足用户需求，系统操作上符合用户行为习惯的用户体验设计才能带给用户舒适良好的感受。

7.3.3.1　系统设计与用户需求的一致性

一致性原则首先要求产品设计满足用户需求，符合用户的心理预期。因此，在前期调研中就需要充分了解用户群体，预知用户需求，系统设计需要在用户实现目标的每一步反馈用户需求信息；信息界面设计需要在充分研究用户视觉习惯的基础上，按照用户需求和视觉习惯合理规划内容的显示优先级，按照内容的重要程度和用户信息需求层次合理分级显示信息内容。因此移动Web产品用户体验设计是在充分了解用户需求的基础上进行的。系统界面对信息内容的展示与引导，均是以用户需求层次为参考，当移动Web用户接触产品界面时，最想获取的信息或最为重要的内容，以用户最易观察到的位置和最易引发用户视觉注意的外在特征（如形式、大小、颜色、运动等）去显示，而略为次要的信息内容则以相对弱化的视觉位置和视觉特征去显示，大体上符合用户的需求层次和心理预期。

7.3.3.2　系统操作与用户习惯的一致性

一致性原则还要求Web产品设计考虑用户习惯，包括视觉习惯与行为习惯，以更为符合用户心理预期的方式进行交互操作和交互体验设计。例如，PC端Web产品需要考虑用户操作鼠标、键盘的习惯以及界面操作的习惯，以用户最为舒适的方式进行交互操作设计。移动端Web产品需要考虑用户触屏操作、视觉浏览等习惯。符合用户视觉与操作习惯，才能获得良好的用户体验效果。

7.3.3.3　界面设计与系统功能的一致性

系统界面与用户早已形成的习惯，包括视觉和操作习惯，保持一致性很重要。但更重要的是，界面设计与系统功能设计要保持自身的一致性，在此基础之上，实现概念模型与系统功能的一致性，界面设计与系统功能的一致性。如果两个应用系统使用了同样的概念模型，就很可能会有类似的界面要求，用户在一个系统中形成的操作习惯，就很容易迁移到另外一个系统。

界面一致性主要是指界面视觉设计的一致性，如同一应用不同界面中的系统图标大小、颜色、风格保持一致；同一应用不同界面按钮的响应状态与操作效果保持一致；同类元素的间距、布局、位置等保持一致等。界面视觉设计的一致性，使界面能够有效传达信息，而不至于引起用户视觉的混乱和思想的困惑。界面一致性设计原则有助于加强用户对界面的熟悉感，提升系统交互效率与用户好感。例如，界面中的同类信息保持内容和形式上的一致性，以增强用户的识别与记忆。例如，页面中的新增内容统一为"新增**"，而不是有的地方是"新增**"，而有的地方是"添加**"。将视觉元素的大小保持一致的尺寸有助于界面元素的重新组合与匹配，例如当页面底部标签栏的所有标签按钮保持同样的大小与间距时，不仅在视觉上达到整齐的效果，而且有助于系统的重新组合与匹配。

系统一致性指的是同一系统的用语、功能、操作保持一致，用户不必担心在不同的环境下产生的操作结果不同，排除因个体或者环境的差异给系统操作带来的干扰，大大提升了系统操作的效率。例如，用户对信息界面进入、浏览、退出方式的一致性；图片浏览切换操作的一致性；视频动画操作的一致性等。像"开始""返回""退出""保存"这一类的概念会在系统中大范围出现，给它们一个统一的处理方式，使用户能够将从系统其他部分学到的操作方式迅速应用于整个系统，大大提升了用户的操作效率，并减少犯错。

7.3.3.4 内部一致性与外部一致性

一个成功的设计不是收集一些精心设计的独立元素，而是作为一个有凝聚力的、连贯的整体来使用。移动Web产品的内部一致性指的是其界面、系统、视觉设计的一致性，而外部一致性可以通过统一的品牌识别形象来强化用户印象中的一致性和跨媒体应用时的一致性，如应用的LOGO或者有标志性的设计要素。这种品牌识别的一致性应该呈现在每一个层级的设计中，以强化用户意识。

综上所述，移动Web应用产品设计通过概念模型与用户需求相一致，系统操作与用户习惯相一致，界面设计、系统设计、视觉设计的一致性，以及品牌识别的一致性，提升用户体验效率与体验价值。反之，如果移动Web产品的信息界面或系统操作设计不符合一致性原则，则会增加用户信息识别的记忆负担和系统操作的学习负担，降低了系统信息传达和交互效率。因此，移动Web产品用户体验设计的一致性原则有助于规范系统界面与交互设计，减少用户视觉疲劳、记忆负担与操作干扰，有助于提升交互效率和体验效果。

第八章　基于视觉心理模型的用户体验设计方法

在用户体验研究和用户视觉心理研究的基础之上，构建了移动Web用户的视觉心理模型。基于视觉心理模型开展的移动Web用户体验设计更为符合用户的视觉习惯与心理预期，从而能够得到用户的真正接受与认可，产生长期与持续体验的意愿。移动Web应用始终追求更好的用户体验，良好的用户体验需要完善的系统功能设计和信息组织结构，因为完善合理的信息系统为移动Web用户体验提供了内容与环境。探索基于用户视觉心理模型的用户体验设计需要在完善的系统功能设计和信息组织结构的基础上，开展视觉体验设计、互动体验设计与情感体验设计。

首先对移动Web用户体验设计流程加以梳理，如图8-1所示。在目标用户研究和用户视觉心理研究的基础之上，运用诺曼体验层次理论构建移动网络环境下的用户视觉心理模型，并在此基础之上开展移动Web用户体验设计。将设计结果以移动Web应用的形式发布于网络并通过用户评价与反馈，发现系统测试中存在的问题，并通过进一步优化视觉设计与交互设计，改进与提升移动Web产品的用户体验设计。

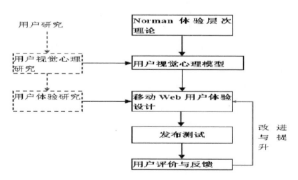

图8-1　基于视觉心理模型的用户体验设计流程

130

8.1　体验层次理论

诺曼在《情感化设计》一书中将人对事物的认知体验过程划分为三个层次：本能层、行为层和反思层。本能层体验表现为人们对于外界事物基本的生理反应，建立在身体器官功能之上，通过感官反应引发感官活动；行为层体验表现为通过感官层面的信息加工活动，引发大脑向运动系统发出信号，调动身体行为引发身体活动；反思层的思维和心理活动则表现为在此基础之上的大脑皮层"思考的活动"并引发心理活动。在诺曼的理论中，这三个层次的用户体验反映了人对事物认知由浅入深、层层深入的过程，且各个层次之间相互联系，融为一体。其中本能层体验为认知的开端，行为层体验处于认知过程的中间阶段，而反思层体验则处于认知活动的最高层次。并且由此可以得到人类认知事物的完整过程，即由感知系统的信息输入引发行为系统的信息交互进而引发思维系统的认知活动，并且由思维系统对认知过程起到整体的调控作用。

诺曼体验层次理论同样适用于移动网络环境下的信息建构和用户体验研究。结合用户体验的相关内容，移动网络环境下的用户体验大体上可划分为从本能层的感官体验（以视觉体验为主）到行为层的互动体验，再到反思层的心理情感体验的过程。因此，诺曼体验层次理论贯穿本书的用户体验研究与设计，发挥着至关重要的作用。

综合前几章研究内容，对移动Web用户体验设计流程加以梳理，在目标用户研究和用户视觉心理研究的基础之上，基于用户视觉心理模型，结合用户体验研究的相关内容及设计原则，运用诺曼体验层次理论开展移动Web用户体验设计，并进行发布测试；通过用户测试与反馈，发现并解决系统设计中存在的问题，优化视觉与交互设计，进一步改进与提升移动Web用户体验设计。

8.1.1　本能层的信息界面组织

本能层的信息界面组织需要符合用户视觉心理模型对视觉体验的要求，如对简洁完美的用户界面的追求、对均衡完整的信息组织形式的预期，以及界面易于辨识、高效传达的功能要求。诺曼在《情感化设计》一书中提到，在本能层面，注视、感受和声音等生理特征起主导作用。因此各类设计中，注重产品的外观美感是首要考虑因素。界面外观用以营造良好的第一视觉体验，开启移动Web用户体验的良好开端。界面的设计风格、元素、布局都是影响界面外观视觉印象的因素。良好的第一视觉印象有助于激发和引导用户开展进一步的交互体验，引发用户良好的视觉体验和心理感受。反之如果一个产品外观让用户感到很不舒服，就很有可能拒绝继续访问和体验，错过用户使用的机会。例如，产品外观对苹果手机的销量起到很大的提升作用，从iPhone4到iPhone8都表现得较为明显。

本能层的信息界面组织除了要打造吸引用户体验的第一视觉印象，还要符合用户的视觉行为规律，才能保持用户的持续体验。用户对移动Web产品信息界面的视觉浏览需要符合一定的规律、视觉流程，即人在观察浏览时，视线有一种自然流动的习惯，根据前面第五章中用户视觉行为的研究，用户视线一般是从左到右、从上到下、从左上到右下的F型浏览规律，且界面元素获得的视觉关注与视觉流动路径息息相关。基于用户视觉浏览规律的Web产品信息界面的组织也需要考虑到将希望用户率先关注到的内容放置于界面偏上位置，以获取用户的及早关注；而将希望用户重点关注的内容放置于界面最佳视域，以获得用户的深度关注。同样，对于Web产品信息界面而言，如果不能从外观上抓住用户的视觉注意，用户对系统体验的热情就会大大降低。所以，产品信息界面的设计对用户感官的刺激起到直接的作用，是调动用户参与体验的第一吸引力。要符合用户的视觉规律和特点，界面设计的尺寸、颜色、大小、布局都需要满足用户的审美习惯。

8.1.2 行为层的人机交互设计

行为层的人机交互设计需要符合用户视觉心理模型对行为体验的要求，如对简单易懂的信息系统、熟悉自然的交互操作、及时流畅的信息交互等。首先，移动Web用户通过行为层体验与产品的功能体验和内容体验密切相关。如果用户通过移动Web产品使用不能达到其预期的功能、获得需要的内容，那么无论其交互操作多么便捷、系统交互多么顺畅，其交互体验同样会带给用户挫败感，其交互体验设计同样是失败的。其次，行为层体验建立在用户的交互行为基础之上，同时包含用户在信息交互过程中的使用感受。行为层体验与用户的行为习惯与既往经验密切相关，符合用户行为习惯的交互体验带给用户自然亲切的使用感受，建立在用户既往经验基础之上的交互体验大大减轻了学习负担和思考负担，使得用户的交互体验更为轻松愉悦。例如，用户习惯于在界面左上角找返回按钮，习惯于在页面底端找联系方式等。因此，围绕用户需求，把握用户习惯，是优秀人机交互设计的基本要求。

移动Web产品用户的使用需求是通过信息交流得以满足的，信息交流来源于用户需求，起源于用户的信息输入，通过手指、语音、传感设备等输入需求信号，与系统进行交互并获取信息。人机交互设计实现人机连接的完整性。用户通过人机交互与系统发生关系，通过信息交流建立互动关系。以人机交互的形式触发系统的信息反应和界面的形式变化。当用户得到系统的及时反馈时，才能满足其信息需求。系统的智能响应将人的思维以自然的方式融入系统，而系统成为人脑的扩展，实现了感官和思维的延伸，行为体验的升华。

因此，行为层体验发生于人和信息对象（系统）的交互过程中，其体验效果评价取决于系统的流畅性、交互行为设计的自然性（符合用户习惯）、交互操作的便捷性等。其信息交互设计需要高度匹配用户需求，其交互行为设计需要高度符合用户操作行为习惯，其匹配的程度越高，用户行为层的交互体验的融合度和满意度就越高。以笔者团队设计的《遇见·故宫》移动Web应用原型为例，如图8-2所示，用户可以多种操作进行数字故宫的漫游，能够满足用户场景漫游的娱乐功能，且漫游操作上符合用户的操作行为习惯，使用户以自己习惯的交互操作漫游于场景体验中，自然顺利地实现场景的漫游、切换与互动功能。系统通过满足用户场景漫游和娱乐的需求愉悦用户身心，实现其根本价值，交互操作设计与用户习惯的贴合度增强了娱乐体验的效果，使用户在一种轻松自然的氛围中展开与系统的交互行为体验。

图8-2 《遇见·故宫》移动Web应用原型

移动Web用户的交互行为主要包括以下几个方面：

首先，是对产品界面的信息浏览，对界面各个部分的了解和观看，主要通过滑屏和缩放屏幕等实现，获取对产品信息界面最直接的主体视觉体验，而当用户展开信息交互时，主要是以点击或者点触为主要的交互线索而展开各个信息界面的切换与变化。点击和点触，也是用户虚拟交互的主要方式之一。

其次，是与界面元素的交互。通过点选导航图形、图标、按钮等界面元素展开与产品信息界面进行进一步的交互。例如，《遇见·故宫》移动Web应用首页，如图8-3所示，通过趣味导航的方式，顺着小提示可以看到箭头，而通过箭头，可以看到下一页的交互跳转按钮。跳转按钮点击同时会有状态的变化。

图8-3 《遇见·故宫》移动Web应用首页

最后，通过复杂的交互控制加强用户的交互体验。特别是以游戏的方式展开与界面的深度交互，包括对界面元素的移动、缩放、重置、取舍等操作而达到深度交互的效果。

8.1.3 反思层的情感体验设计

反思层的情感体验设计需要符合用户视觉心理模型对心理体验的要求，如对舒适完善的环境、顺畅自然的互动体验、满足用户的功能需求与信息需求等方面的要求，进而获得用户的认同感、信赖感甚至是依赖感。情感体验设计来源于诺曼提出的情感设计方法，他认为用户情感对产品设计有着重要的影响。在诺曼的设计理念中，情感体验是综合体验过程，涵盖了本能层、行为层、反思层体验的全部过程，但此处研究的情感体验设计更倾向于用户反思层面的心理情感体验。

系统的功能体验来源于系统设计的合理性、系统功能的实现、系统交互设计以及系统界面的显示，从整体上影响着用户体验效果。但反思体验来源于功能体验过后对产品的整体感受，良好的反思体验主要来源于以下几个方面，一是用户在产品使用过程中获得的愉悦和心理上的满足，二是对产品使用和系统功能的认可，三是产品使用对自我价值的实现和提升作用，而以上这些感受或认知都是在体验过后通过用户记忆、联想等反思活动获得的。

情感体验设计从用户的感官／感受层面出发，反映了用户与产品设计的关系，其目标是对用户的心理产生积极的影响，进而加强其使用动机和意图。相关研究表明，持续的交互才能让用户产生较长时间的情感记忆。正如诺曼在其著作《情感体验设计》中所论述的观点，真正决定人们情感倾向与选择的，不是产品的外在表现，而是产品系统通过交互与用户发生的持续的内在联系。因此，客体方面，系统自身的交互性是情感体验设计需要重点关注的内容；而主体方面，用户的社会经历、文化背景、群体特征等也是影响情感体验的重要因素。具备不同社会文化背景和知识结构的体验主体在同一系统环境下会获得完全不同的情感体验。情感体验设计建立在感官（视觉）体验设计和行为（交互）体验设计基础之上，强调主体在感官和行为活动中的"当前感受"和"反思体会"。产品系统的功能体验设计更为关注信息内容的顺利传达、高效反馈和瞬间满足，而情感体验设计更为关注体验者的所看、所想、所感。功能体验设计与情感体验设计的完美配合，才能最大限度地提高移动Web产品的体验价值。

8.2 移动Web用户体验设计内容

在内容建设方面，主要通过信息架构来构建用户体验；而在实现手段方面，主要通过交互设计来实现用户体验。信息架构用于呈现用户体验的完整内容并关注于通过合理的组织形式和界面呈现有效传达给用户，交互设计使用户融入真正的内容体验中，并关注影响用户顺利体验和完成任务的因素。但信息架构和交互设计同样注重内容呈现的层次感，即以怎样的"模式"和"顺序"将用户代入到体验内容中。

基于视觉心理模型的移动Web产品用户体验设计涵盖到用户与产品交互的全部过程，其视觉体验部分涉及用户的感官、审美，互动体验部分涉及信息系统的交流与反馈，心理体验部分涉及用户的想法、感受、期望、情绪等。移动Web环境下的用户体验设计只有围绕用户的视觉与心理感受，尽可能地追求系统模型与用户视觉心理模型的统一，才能够设计开发出真正符合用户感知与情感体验需求的移动Web产品。针对于移动Web产品用户体验三个层次的设计目标，进行系统完整的用户体验设计，包括本能层的信息界面组织，行为层的人机交互设计和反思层的情感体验设计，如图8-4所示。

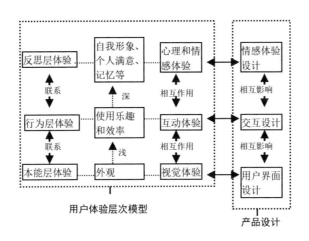

图8-4 移动Web产品用户体验设计层次

以上分析了移动Web用户体验设计的三个层次：从本能层的视觉体验，到行为层的互动体验，再到反思层的情感体验，其涉及的具体内容是十分复杂的，涵盖了界面、系统、用户等多个方面，如图8-5所示。视觉体验层面的界面外观设计涉及风格、图标、元素、布局等多方面内容，还要考虑到可用性设计与跨平台设计；互动体验层面的交互设计涉及交互操作设计、信息交互设计、互动体验设计等；心理和情感体验层面的情感体验设计要综合考虑用户的情绪反应、体验行为与心理活动等。

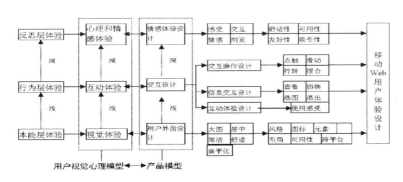

图8-5 移动Web用户体验设计内容

137

8.3 基于视觉感知的视觉体验设计

在系统功能设计的基础上，基于用户视觉心理模型，开展移动Web应用的视觉体验设计。并结合移动Web用户体验分层理论及用户视觉心理研究开展视觉体验、互动体验和情感体验设计。深入研究用户的视觉感知与视觉规律，通过与之相适应的视觉设计吸引用户进入系统交互体验。构建良好的用户视觉体验，需要有具备用户视觉吸引力和引导能力的用户界面，主要通过界面视觉元素的外观、特征与布局设计加以实现。

8.3.1 界面视觉设计

良好的界面视觉设计是良好用户体验的开端，试想看上去杂乱的布局、不一致或不协调的色彩，会让用户很快离开，而无法进行深入的交互体验和信息体验，无论设计人员在信息架构和交互设计层面做了多么聪明的选择和努力都将白费。移动Web应用的界面视觉设计需要针对用户人群且符合用户的视觉审美习惯与感知习惯，才能够契合目标用户的视觉心理，从而产生良好的视觉心理感受，让人产生一种舒适、愉悦、印象深刻的视觉感受。同时遵循移动Web应用界面简约、美观、大气的用户视觉审美习惯，移动Web应用的界面视觉设计展现出同样的风格和特点，包括界面、LOGO、图标、导航按钮、信息元素等视觉设计，具体反映在图形、字体、配色、版式等多个方面。

8.3.1.1 整体视觉设计

移动Web应用的整体视觉设计首先关注的界面风格。在目标用户群体特征和视觉心理习惯研究基础之上，结合产品定位，确定界面设计风格。而界面风格最为有力的视觉表达元素为系统色和界面布局。以笔者设计的几款移动Web图像应用为例，如图8-6所示。几款应用的界面外观带给用户较为平和舒适的视觉心理感受，界面元素清晰呈现且应用界面对用户的操作提示较为清晰明确，用户获得了较为良好的视觉印象，同时很清晰地感受到了界面功能且能够通过熟悉而便捷的点选操作轻松实现图片切换与展示的界面功能，这是符合用户视觉心理感受的移动Web应用界面视觉设计应当具备的基本要求。

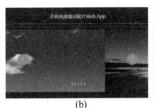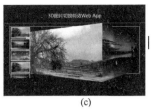

(a)   (b)   (c)

图8-6　几款移动Web图像应用

8.3.1.2　图形视觉设计

为了增强视觉传达效率，近年来移动UI领域流行扁平化设计。基于用户获取信息的便捷性要求，手机界面的信息呈现形式向流水式、扁平化的趋势发展。移动Web应用界面需要带给用户"宽而扁""快而全"的视觉印象。去除图标立体视觉效果及冗余元素，直观凸显信息本身。以"女鞋"移动电商平台的LOGO设计为例，如图8-7所示。其LOGO设计的主要目的是想通过用户视觉的直观感受从众多APP中脱颖而出。品牌以干净简约的设计美学为主打，该LOGO设计采用了平面构成五大形式美法则，让一个鞋子的抽象形象中心对称，外形形成一个字母"M"，与鞋码头的"码"相对应。鞋子的抽象形象线柔和优美，向用户传递出了一个温柔，柔和的企业形象。LOGO的背景色为浅紫色（f5b3b3），体现了女性的柔和美，符合APP的主要目标人群。

图 8-7　"女鞋"移动电商平台LOGO视觉设计

此外，适当的图形处理能够增强界面的亲和力，例如，"绿植"移动Web应用中所有的图片全部采用了圆角的设计，使整个风格看起来不会那么的方正呆板，也更加符合整个小清新、有活力的理念，提升用户视觉体验。

8.3.1.3　文本视觉设计

文本视觉设计包括文本的字体、大小、颜色、版式、间距、布局等多方面内容。

字体是界面视觉设计与传达的重要表征，Android较为常用的有黑体、宋体、微软雅黑等字体，而苹果系统使用的是其独立开发的苹方字体。不同的字体展现不同的风格，例如例如黑体传达出稳定、厚重、规则的字形风格；宋体展现的是朴实、方正、端庄的字形风格，而方正兰亭超细黑简体，展现的是简洁大方又不过于强烈的字形风格。一般而言，标题和导航按钮中的字体可以采用稍微具有一定个性和风格的字体，而大面积的正文文本内容，由于会受到用户视觉长时间的注视，适合采取简单的字体，华丽个性的字体很快会让用户视觉产生厌倦。与颜色一样，可以通过字体的对比突出视觉意向，提示重点视觉信息，提升视觉传达效率。

文本字体本身传达着一定的视觉心理暗示，例如方正的字体给以严肃规矩的视觉心理感受，而扁方的字体给人一种平稳宁静的视觉感受。同样以"女鞋"移动电商平台为例，其采用的系统标准字体为Adobe 黑体 Std与宋体，一方面根据目标用户群体的视觉心理特点而采取较为平和优雅的字体，另一方面根据人眼实现流动的方向采取水平方向的文本排列，能够带给目标用户群体较为舒适和优雅的视觉心理感受。由于目标用户群体为女性，稍扁的字形，显得更为柔和优雅，水平的文本走向引导着用户视线的自然流动，毫无违和感。

文本大小反映了字体的重要级别，一般而言，重要内容如标题等，以较大字号显示，正文以适中字号显示，辅助性文字如说明文字等以较小字号显示。文本颜色对用户视觉起到显著的提示作用。醒目的颜色更容易刺激用户视觉，提醒用户注意，如在应用界面上以系统标准色提示重要内容，以红色文本提示警示信息等。

此外，文本的版式、间距、布局等外观对用户视觉起到积极的引导作用，首先通过合理的版式、间距、布局等达到舒适的视觉体验效果，使界面信息元素的呈现更为条理清晰，同时起到引导用户视线流动的作用。

8.3.1.4　色彩视觉设计

在界面设计风格表现上，颜色占据了80%以上的视觉体验，并传达着重要的信息和情绪感受。颜色对移动Web用户视觉心理的影响较为显著，如绿色给人活力、向上的视觉感受，而红色给人热情和激情的视觉感受等。例如笔者团队设计的"绿植"移动Web应用界面原型，如图8-8所示，整个APP界面的设计都是采用绿色和白色为主色调的设计。字体运用了黑色，使得用户在选择时可以一目了然，更加直观清晰。整体风格的设计都是紧贴主题"植物"所设计。绿色给人以一种清新、生机勃勃的感觉，更加能符合主题所传达的理念。背景色使用了大面积的留白，使得整个界面更加简洁，干扰因素不会很多。而且用户在长时间浏览时也不会像颜色很跳跃的界面那样感到视觉上的疲劳。加之图标制作在颜色上运用橘色#ff855b加以点缀，使得整个设计风格更加有活力，与绿植的生机盎然有活力的象征更加贴切。

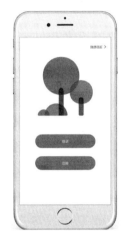

图8-8　男性与女性的视觉色彩偏好

色彩具有一定的心理暗示和视觉引导作用。不同的颜色在不同情境下会带给用户不同的视觉心理感受，恰当的色彩运用能够激发、引导、促进用户相应的行为与感受。同时，色彩具有一定的群体偏好性。诸多研究表明，男性和女性在视觉偏好上有着明显的差异。因此，移动Web应用在进行色彩视觉设计时，需要综合考虑以上因素，准确把握用户群体的色彩偏好及色彩选择可能带给用户的视觉心理感受，进行色彩的选择、搭配与设计。

色彩视觉设计除了要注意目标用户群体的视觉偏好，还要注重冷暖色彩+明暗亮度搭配表现给用户的印象和心理感受。例如麦当劳APP以红色和金黄色的搭配激发用户食欲，带给人热情满足的视觉心理感受，而Facebook以蓝色和中灰带给人宁静和平的视觉心理感受，如图8-9和9-10所示。

图8-9 麦当劳APP系统配色　　　　**图8-10 Facebook网页系统配色**

8.3.1.5　版式视觉设计

相比于电脑端的Web应用，移动端Web应用受限于设备屏幕，不能像电脑端Web应用屏幕上的视觉信息，便于清晰呈现且可以任意缩放大小，移动端Web应用的设备尺寸、显示环境（夜间阅读与室外阅读），对界面布局与版式的视觉设计要求更高。

信息模块之间需要有明确的划分，但在界面视觉设计时，又不能完全依赖于颜色区域的变化，因为相关调查显示，大约8%的男性与0.5%的女性有色盲，如果在界面视觉设计时，通过色相的变化区分板块的话，这部分用户在使用移动Web产品时会觉得不适。因此，考虑到用户差异，功能区域之间的划分可以通过明度及文字图片的间隔，来让用户视觉清晰地感受到板块与板块之间的变化。这也是目前大多数移动Web产品采用的版式视觉设计方式。

8.3.2　视觉特征设计

相关研究表明，人的视觉往往更容易关注到一些奇趣和变化的内容形式，如鲜艳的颜色、差异化的形状、突出的大小、运动的元素、变化的文字等。结合用户视觉感知与视觉认知的相关研究，探索信息界面更易引发用户关注的视觉特征，并在信息界面上做差异化设计，以凸显不同内容的重要程度。具体到用户界面，与用户信息界面元素的形式、大小、颜色、运动等视觉特征相关。

8.3.2.1　信息形式设计引导用户视觉

除了显示位置，移动Web应用界面元素对用户视觉的吸引效果还与其外在特征相关，如信息元素的形式、颜色、大小、方向等。例如，多名学者通过对广告元素的眼动跟踪实验研究表明，图片对于用户注意的捕捉能力优于文本。显示位置直接与用户的视觉浏览顺序相关，而信息元素的显示形式会以凸显的方式迅速抓住用户的视觉注意。前者利用了用户视觉的浏览规律，而后者是界面语言的强有力引导，二者结合，实现移动Web应用界面对用户视觉的合理引导。

8.3.2.2　颜色设计引导用户视觉

相关研究表明，当人的视觉注意到某个事物时，首先注意到的就是色彩，色彩有着极强的心理暗示作用，用户界面中的颜色给用户视觉带来的冲击进而引发用户心理上的直观感受，能够较早地吸引到用户视觉的注意。因此许多移动应用界面采用醒目突出的颜色来吸引用户的注意。

优秀配色方案的使用能够使移动应用界面层次分明，突出重点信息，提升视觉效率。在很多移动Web应用配色方案中，需要突出和重点显示的内容多以更亮或更醒目的色彩加以显示，不需要突出显示的背景元素可以以较为暗淡的颜色加以显示，而鲜明的颜色对比会加强用户视觉对信息内容的判断和选择，相反更为接近的颜色常常使得用户界面元素难以快速区分，而降低了用户的视觉效率。

同样以"女鞋"移动电商平台为例，界面关键信息，例如"价格""关键按钮"等设置成系统色。让关键部分、重要信息突出，它们的色彩对比度达到4：5：1，与周边信息形成强烈反差，以快速吸引用户群体的注意，同时反差较大的字体颜色能够保障相关内容的有效呈现，使一些视力低下的用户群体也能够快速获取关键信息。同时确保关键信息在各种显示环境下都能够得到有效呈现，如阳光强烈的户外，光线暗淡的夜晚，或者运动时不断变化的视觉环境，只要用户快速扫一眼，就能快速定位到关键信息。

8.3.2.3　元素大小设计引导用户视觉

除了醒目的颜色，醒目的大小也能够率先抓住用户的视觉注意。同类元素对用户视觉的吸引还与其显示大小相关，合理范围内，较大的元素对用户视觉的捕捉能力往往优于较小的同类元素。因此，移动应用界面视觉设计经常以元素大小来区分不同重要程度的内容。最为常见的是移动应用界面中往往以不同大小的字号来显示不同重要级别的内容，如标题、正文、辅助内容的字号设置上都有相应的标准。

8.3.2.4　其他引导用户视觉的视觉特征设计

运动相关：生物最注意的是环境中时常变化的东西，这样就可以认出什么是对自己有益，什么是对自己有害的。人们在移动Web应用界面体验时也是更喜欢动态交互的形式，不断变化的界面有助于人们选择自己真正需要的，更为感兴趣的信息内容。相关研究表明，同样条件下，人的视觉对运动事物的关注高于静止事物。因此移动应用界面中经常采用动态的形式代替静态形式来引起用户的关注，如动态图标、变化的文字、引导动画、动图切换等。

其他特征：如特殊的形状、方向、突出的亮度、布局等。与整体界面设计风格迥异的图形和排版特征也更能够引起用户视觉的关注。

8.3.3　界面布局设计

界面布局是将界面信息元素按照一定的规律或模式进行组织排列，具体是模块设计、版式设计与导航设计相结合，形成一定的信息组织结构的外在呈现形式。界面布局旨在通过一定的信息组织形式传达不同结构中的信息内容，需要结合界面上的所有信息元素、功能模块和导航菜单，通过一定的布局方法加以实现，如响应式界面布局设计。

由于移动Web应用是面向多终端设备及多种运行显示环境的，为了在各种设备终端及显示环境下都能够正确显示界面内容，需要解决移动Web应用的自适应和兼容性问题。界面信息元素的布局需要符合响应式布局方法，不仅是界面本身会随着屏幕宽度的改变而缩放，界面元素大小、间距、排列方式等也能够随着屏幕的改变而自动调整布局。

在遵循界面布局的响应式设计原则的前提下，移动Web应用通过合理的布局设计带给用户良好的视觉心理感受，但同时又要以系统功能为核心，凸显相关内容的重要性。因此，界面布局需要突出重要信息、重点内容，或者说用户最为关注的内容，且信息呈现主次分明，同时符合用户视觉心理习惯和响应式设计要求，其具体的优化设计方法将在第九章中详述。

8.4　基于交互行为的互动体验设计

移动Web产品的互动体验设计也应当是一个全面完善的设计研究，而不是一次简单的设计活动，而是基于用户行为、综合运用信息环境、融合用户感知体验的综合设计过程。以用户交互行为分析为基础，开展具体的信息交互设计、交互操作设计与互动体验设计等。

8.4.1 用户交互行为分析

移动Web用户的交互行为是基于一些基本的屏幕操作如点触、滑动、拧转、捏合、信息输入等，一些常见的界面操作，如页面的打开、关闭、按钮的点击、界面的滑动切换、信息输入等都是基于基本的屏幕操作，复杂的交互行为多是由基本的屏幕操作组成。移动Web用户的交互行为分析需要基于已有的用户经验与习惯，以一个简单的"关闭页面"操作为例，绝大多数用户习惯于在界面右上角找到关闭按钮，因此位于左上角或其他位置的关闭按钮则会给用户带来一些操作不便。从界面设计的角度来看，关闭按钮位于界面的左上角或右上角都不影响界面视觉效果，但从用户操作的角度来看，位于界面右上角的关闭按钮更为符合用户的记忆经验和操作习惯。

对移动Web用户交互行为的解析过程是将复杂的触屏操作分解为基本的触屏事件，如图8-11所示。基于触屏基本事件，移动Web用户实现更多的界面交互操作，如打开应用、打开链接、翻页、缩放、旋转、退出等。由基本的触屏事件组合为单一或复杂的用户交互行为，触发系统反应满足用户需求，信息界面的连锁反应与交互事件伴随着用户视觉心理感受的变化，传递着用户的价值与情感。用户交互行为分析是移动Web用户界面交互操作设计的基本依据，也是移动Web用户情感体验设计的实现基础。

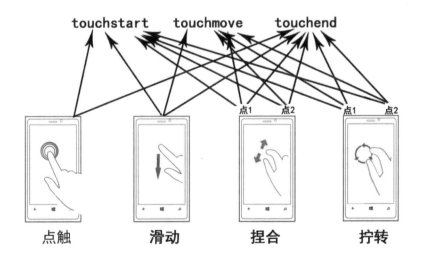

图8-11 用户触屏操作行为组合

8.4.2 信息交互设计

移动Web用户体验围绕信息交互展开，因此，信息交互设计是移动Web用户体验设计的核心环节。移动Web信息交互设计需要符合用户行为习惯，综合运用智能设备和信息环境，实现信息的交流与互动。

移动Web用户与系统界面的信息交互方式是多种多样的，其过程也是千变万化的。但一些以信息交互为目标的系统界面设置对用户行为起到重要的引导作用。如：

视觉导航：给予用户明确的视觉引导，较为常见的有通过功能图标、导航按钮等引导用户对信息界面和系统模块进行快速了解和信息定位。

操作提示：给予用户适当的信息操作提示，较为常见的有通过动态图标、音效、提示文字等，引导用户进一步的信息交互行为。

信息反馈：当用户进行信息交互操作时，给予及时的信息反馈，常见的有界面更新、弹出对话框、打开新页面等。

错误处理：当用户操作过程中发生一些错误时，系统应当给予及时的提醒与反馈。最好的交互设计是防止用户操作错误的发生，现实中最为典型的案例是自动挡汽车，只有挂在P挡汽车才有可能启动，其他情况都启动不了，避免了错误操作的发生。但是当用户操作无可避免地发生时，系统应当给予及时的提醒与反馈，甚至帮助用户修正错误。有效的错误信息和容易自我解释的界面可以在错误发生时帮助用户及时纠正，或者从错误中恢复，这一方面最为典型的例子就是应用界面上的"撤销"功能。此外，预防用户操作错误的发生也是系统设计的重要内容，例如在用户可能发生操作错误之前给予一定提示："你确定吗？""是否继续进行操作？"等。

移动Web应用根据系统功能模块划分界面布局，并进行相应的视觉引导设计，以实现进一步的交互设计。通过触屏操作，可以实现的界面信息的展示、切换、方法、更新等，以及信息界面的"打开""关闭""进入""返回""上一级""下一级"等交互操作。例如当用户想要打开新的信息界面时，点触相应的链接，与服务器交互获取下一个信息界面的数据，然后切换应用界面；当用户点触"返回"按钮时，则会再次与服务器交换数据，更新回到上一级信息界面。整个过程中，视觉导航和操作提示给予用户充分明确的行为引导，引导用户在移动Web应用界面中的交互行为。信息反馈体现了系统的功能性、灵敏性和使用价值。

8.4.3　交互操作设计

移动Web用户的信息交互体验是通过交互操作实现的。移动Web应用运行于移动终端，由于受到设备屏幕和系统环境的影响，其交互设计存在着诸多的差异性和特殊性，但无论怎样的系统环境，必须符合用户的行为习惯和使用感受才能达到较为理想的效果。为了达到更为真实自然的信息交互，充分调用智能设备硬件，从早期的按键，到时下流行的触屏操作，以用户行为作为信息输入，触发系统界面的信息反馈。移动Web产品的交互设计中需要考虑的问题有很多，如系统操作的易用性（受界面交互可用性设计影响）、系统反馈的流畅性（受硬件性能和系统运行环境影响）、用户操作的自然性（受用户操作习惯影响），综合以上因素的交互设计才能为用户带来良好的交互体验。

具体到交互操作设计，则与用户的操作行为息息相关。如用户的信息输入行为，相比于电脑输入设备鼠标键盘，触屏和语音的信息输入操作更为自然。触屏操作已成为移动Web用户较为习惯的交互行为，其主要方式为点击或点触，由此动作而引发的一系列信息界面的变化、切换、更新等。触屏操作方式的多样性与灵活性，使得用户能够在屏幕上自由操作。例如针对图片的触屏操作有点触（查看）、滑动（切换）、捏合（缩放）、拧转（旋转）等自由行为的组合。触屏交互行为的自由度增强了移动Web信息交互的及时性与准确性，移动Web用户通过触屏交互获得系统信息的及时反馈和信息界面的及时响应，增强了互动体验效果。下面同样以笔者设计的几款移动Web图像应用为例，如图8-12所示，探讨符合用户行为与视觉体验习惯的移动Web用户交互操作设计方法。

图8-12所示的几款移动Web图片应用的交互操作设计都以点触和滑动为主，这比较符合用户熟悉的操作行为习惯，通过点触按钮或缩略图能够轻松实现图片的切换展示，通过在图片区域上的屏幕滑动同样能实现图片切换展示的效果，不同操作方式的组合，赋予用户行为一定的选择性和自

由度，使用户的操作更为随性和灵活。同时在用户没有任何操作时，图片也能够自动切换显示，这一看似与用户操作行为无关的界面功能设计，对用户的交互操作设计是一项很好的补充，即用户可以选择操作或者不操作，在减少用户操作行为的基础上实现更多的界面功能，进一步拓展了用户操作行为的自由度。以上几款移动Web图片应用都是基于用户较为熟悉的点触、滑动、拖拽等触屏操作进行交互操作设计，且充分考虑用户的视觉体验习惯，如图片展示的篇幅、图片切换的停留时间等，对用户视觉体验与操作习惯的充分考虑，是提升移动Web应用用户视觉体验与行为体验效果的有力措施和基本保障。

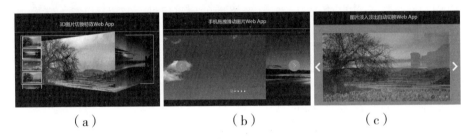

（a）　　　　　　　　（b）　　　　　　　　（c）

图8-12　几款移动Web图片应用

8.4.4　互动体验设计

移动Web互动体验涵盖用户从信息输入，到信息交互，到心理活动的一系列综合体验过程。从语言或触屏点击输入到触屏交互操作，从信息界面浏览到信息界面的交互，从系统界面导航操作到深度信息互动，以及用户的情绪反应、心理活动等都属于移动Web互动体验的范畴。交互过程中，用户选择系统中的交互元素并执行操作，这就是交互层的体验。交互元素为呈现于界面能够引导用户操作的元素，如导航菜单、标签按钮、文本链接、功能模块入口等。用户通过点触交互元素等行为开始界面交互，触发系统反应，获取系统信息或完成任务，满足用户需求与目标。移动Web产品信息界面的交互过程具有强烈的主体参与感，用户与系统的交互从指令的发出到需求满足、目标实现的循环往复过程中，使用户产生了强烈的参与感。

首先要对移动Web产品用户的互动体验进行分析：用户带有一定的原始期望和意图进行界面交互，根据信息界面提供的可操作接口，如图标、导航、链接、图片、文本区域、划屏区域等，进行点触、滑动、拧转等交互操作，触发界面交互元素激发系统反应，导致用户界面的变化和用户数据的反馈，满足用户的信息需求，实现用户的任务目标。在这一过程中，用户从感官、心理、情感等各方面投入到系统交互中，发生全方位的互动体验。

　　在用户互动体验分析的基础之上，进行交互思维设计，分析用户可能会接触到的信息元素、可能产生的一切操作、系统与之对应的界面反应、驱动的条件、变量、环境的多重因素，最终落实到交互思维设计上。良好的互动体验以完善的交互逻辑为基础，通过良好的信息交互设计和交互操作设计实现。以某应用首页的图片循环播放为例，考虑到用户可能进行的操作：滑动图片；通过底部的切换按钮点选图片；等待图片的自动循环；当手指移入时图片停止切换；手指移出时图片继续切换等，以上多种情形和用户可能发生的操作都需要考虑到，才能实现完善的交互思维设计，进而实现良好的互动体验效果。其实现过程的交互逻辑表格如表8-1所示。

表8-1　图片切换应用互动体验设计逻辑表格

变量=1（鼠标没有悬停，切换幻灯片）		
条件	Timer=state1	Timer=state2
幻灯片=1	1. 等待3秒 2. 幻灯片=2 3. 翻页按钮= state2 4. Timer=state2	1. 等待3秒 2. 幻灯片=2 3. 翻页按钮= state2 4. Timer=state1
幻灯片=2	1. 等待3秒 2. 幻灯片=2 3. 翻页按钮= state3 4. Timer=state2	1. 等待3秒 2. 幻灯片=2 3. 翻页按钮= state3 4. Timer=state1
幻灯片=3	1. 等待3秒 2. 幻灯片=2 3. 翻页按钮= state4 4. Timer=state2	1. 等待3秒 2. 幻灯片=2 3. 翻页按钮= state4 4. Timer=state1

幻灯片=4	1. 等待3秒 2. 幻灯片=2 3. 翻页按钮= state5 4. Timer=state2	1. 等待3秒 2. 幻灯片=2 3. 翻页按钮= state5 4. Timer=state1
幻灯片=5	1. 等待3秒 2. 幻灯片=2 3. 翻页按钮= state1 4. Timer=state2	1. 等待3秒 2. 幻灯片=2 3. 翻页按钮= state1 4. Timer=state1
变量=0（鼠标悬停，停止切换幻灯片）		
条件	Timer=state1	Timer=state2
无论幻灯片何种状态	1. 等待3秒 2. Timer=state2	1. 等待3秒 2. Timer=state1

再以移动Web应用界面上的跑马灯文字为例，首先进行用户互动体验分析，其界面环境为循环滚动的广告文字链，用户可能发生的交互行为有点击文字链、移入文字链、移除文字链等，相应的系统界面反应为打开连接页面、暂停循环滚动、继续循环滚动等。在全面的用户互动体验分析的基础之上，进行交互思维设计与用户行为设计，其逻辑思维表格如表8-2所示。

表8-2　跑马灯文字应用互动体验设计逻辑表格

变量=1（移动文字链）		
条件	Timer=state1	Timer=state2
文字链与标记重合	向左移动文字链3个像素 等待50ms Timer=state2	1. 向左移动文字链3个像素 2. 等待50ms 3. Timer=state1
文字链与标记不重合	1. 移动文字链到初始位置 2. 等待50ms 3. Timer=state2	1. 移动文字链到初始位置 2. 等待50ms 3. Timer=state1
变量=0（文字链不移动）		
条件	Timer=state1	Timer=state2
文字链与标记重合	1. 等待50ms 2. Timer=state2	1. 等待50ms 2. Timer=state1
文字链与标记不重合	1. 等待50ms 2. Timer=state2	1. 等待50ms 2. Timer=state1

8.5 基于心理活动的情感体验设计

移动Web应用通过体验刺激用户的感官和心理而引发用户的情感体验，可见，用户的情感体验是基于心理活动的，无论是视觉印象还是交互行为引发的心理活动。用户的情绪反应与心理活动往往是最为密切相关、密不可分的。移动Web用户的情绪反应是用户在产品使用过程中引发的各种情绪，而其心理活动包括用户在此过程中的思维、情感和潜意识。根据用户视觉心理模型，由上层的视觉体验和功能体验而引发的情感体验是移动Web用户最深层次体验。当移动Web产品的视觉体验和功能体验满足用户心理预期时，便会引发用户积极的心理活动，反之则会引发消极的心理活动。

用户的情感体验处于"体验—刺激—体验"的循环过程。一方面通过界面元素直接刺激用户感官，建立感官印象，进而引发心理活动；一方面，由产品功能触发用户交互行为而产生的使用满意度、认同感等体验。并且通过直观体验和功能思考两个层面的直观表达，激发用户潜意识的情感表达，对应于用户反思体验层次的是产品理念层次的设计，传达出产品使用功能以外的理念、文化、价值，并通过功能体验与反思体验得到用户情感上的认同。反思体验的过程受用户主体形态的影响，如价值观念、文化背景、社会形态等，具有显著的个体化和差异化特点，并通过记忆、联想等潜意识、深层次的思维活动得以实现，并反过来影响到用户的情感体验。这就是移动Web产品的"体验—刺激—体验"的循环过程。

8.5.1 引发心理活动的用户体验要素

根据前文的研究与分析，用户心理需求是情感体验的动机，用户心理活动是情感体验的基础。因此，探索引发用户心理活动的主客体因素并将其转化为可实施的设计要素，有助于提升移动Web用户情感体验效果。

8.5.1.1 感官体验引发心理活动

移动Web产品外观，即界面，带给用户"第一眼"印象，其界面的元素、形态、色彩、布局都影响到用户的直观感受，进而产生对于界面"友好"或"不友好"的感受。除此以外，界面的按钮、导航、功能图标也进一步影响到用户对产品的判断，其界面是否清晰、功能是否完备、引导是否明确是用户加强对界面友好程度认可的深层因素，也是引发用户展开深层体验的关键因素。直观体验是人类的一种本能反应，视觉、触觉和听觉在其中处于支配地位。而Web产品界面的元素、布局等外观因素引发了用户在功能、记忆、联想等隐性层面的体验。

8.5.1.2　功能体验引发心理活动

功能是移动Web产品设计的初衷和本质属性，移动Web产品发布与推广的价值在于其满足一定人群的信息需求与功能需求，而在此基础之上进一步满足用户的审美需求与心理需求等。移动Web产品的功能因素是指其能够提供的信息服务，移动Web用户通过功能体验实现一定的预期目标，是复杂情境下人机互动中产生的功能性情感体验。用户在功能体验的各个环节引发了怎样的心理活动？因信息反馈的及时带来的快感，还是因功能满足的延迟而带来的烦躁？虽然用户的心理活动因人而异，但是从人的共性出发，存在着某些共通的心理预期和心理特点，关注用户在功能体验时的心理活动，是移动Web产品功能设计需要始终考虑的问题。

8.5.1.3　价值体验引发心理活动

弗洛伊德将人的心理结构划分为意识、无意识和潜意识三个层次。有意识的心理活动来源于主体需求得以满足的情绪反应，无意识的心理活动更多来源于系统界面的视觉与心理引导，而潜意识的心理活动往往来源于产品体验之外，由产品的设计理念引发的用户可能察觉不到的心理状态的改变，当然这与用户主体息息相关，存在着较大的主体差异性。

移动Web产品视觉与功能体验，往往折射着设计理念与文化价值，而这一层次的体验往往是潜在的，隐性的。只有用户在经历了视觉体验和功能体验之后，由产品的外观及使用功能带来情感上的认同时，才能感受到其使用功能之外的内涵：文化背景、价值理念、社会意识形态等。内涵体验引发的心理活动是不容易被用户发现的，但是会受到其潜移默化的影响。

8.5.2　基于视觉心理的情感体验设计

基于以上研究我们得出，移动Web用户的感官体验、功能体验及内涵体验可以引发用户不同层面的情感反应，反之，在进行Web产品设计时，考虑用户情感体验要素，在其外观、功能、理念等层面进行合理的设计。

8.5.2.1　视觉设计引发情感体验

根据第五章中用户视觉心理的相关研究，视觉体验能够引发一定的心理活动，并产生情感反应。在用户视觉行为与视觉心理研究的基础上，探索如何通过视觉设计抓住用户视觉进而引发用户的情感认同。因此，通过视觉设计吸引用户视觉、拉近用户距离、激发用户情感是情感体验设计的最直观手段。

移动Web应用产品的视觉设计往往从设计风格入手，而颜色在界面风格中又占据了80%以上的视觉感受。在中西方文化里，颜色本身具备一定的情绪象征意义。例如，东方文化里的红色象征热情，而西方文化里的蓝色象征忧郁等。界面的配色方案传达出一定的情感意象，如现代的、稳重的、时尚的、可爱的等。移动Web应用界面风格设计往往能够在最直观层面上引发用户的情绪反应。而充分考虑用户情感体验的界面风格设计往往具备以下功能：

1. 吸引用户注意。特定风格的界面设计往往能吸引特定用户群体，例如，面向儿童的教育应用或互动游戏，往往以炫酷的界面风格吸引儿童用户群体的注意，如图8-13所示，"地铁跑酷"移动应用以炫酷的界面风格设计吸引目标用户群体的注意。直观而又切入主题的界面风格设计更容易吸引用户的注意，如图8-14所示，"绿植"移动应用的用户登录界面采用直观生动的植物形象吸引用户注意。

2. 拉近用户距离。针对目标人群，确定整体基调，贴近目标人群的生活情感，对目标人群更有吸引力和亲和力。例如微信的目标人群以中青年及中老年为主体，其界面风格设计偏向于稳重平和的视觉感受，系统色选择象征着成熟稳定的中绿，以获得中青年及中老年用户群体的好感，而QQ空间的目标人群以青少年为主体（相关调查表明，青少年在QQ空间上的活跃程度远远高于中老年群体），其界面风格设计偏向于青春活力的视觉感受，系统色选择象征着青春活力的天蓝色，以获得青少年用户群体的好感。

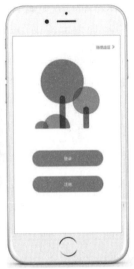

8-13 "地铁酷跑"移动应用界面风格设计 8-14 "绿植"移动应用界面风格设计

3. 激发用户情感。良好的产品界面风格设计能够瞬间激发用户情感,例如麦当劳移动APP选用红色和橙色作为系统色,以热情而直接的界面风格设计瞬间激发用户食欲,如图8-15所示。而Facebook以冷静的中蓝和灰色引发用户对睿智和理性的崇尚之情,如图8-16所示。

图8-15 麦当劳APP界面风格设计 图8-16 Facebook移动应用界面风格设计

8.5.2.2 功能设计引发情感体验

功能设计引发的用户情感体验是从满足用户需求开始的。用户需求是移动Web产品诞生的原因,基于用户需求设计实现的系统功能体验才是扎根于现实的。通过满足用户需求进而得到用户的情感认同是一个自然而然的过程。

从功能的角度看，移动Web产品对用户需求的满足主要包括两个方面：信息功能和使用功能。移动Web产品的信息功能主要指通过信息展示与交流满足用户的信息需求，而其使用功能是指用户通过交互操作实现了哪些预期或发布者预先设置的功能。功能设计通过设定系统任务方案和用户操作途径，用于及时满足用户任务目标和操作需求。具体包含任务目标的实现途径、用户操作的系列方法以及系统功能反馈。例如，一款能够实现图像搜索、切换与查看的移动Web图像应用，功能设计时应当考虑到：系统提供怎样的图像信息功能（具体到每一项功能）？用户通过怎样的操作实现这样功能（并考虑交互设计的优化）？系统针对用户每一项可能的操作提供怎样的反馈？导致怎样的结果？是否实现了系统想要传达的功能？是否满足了用户的预期？以上都是系统功能设计时需要考虑的问题。

从体验的角度看，满足需求能够带来积极的用户体验，反之则为消极的用户体验。同样是实现移动Web产品的信息功能和使用功能，其实现过程也可能是大相径庭的。举一个简单的例子，同样是"垃圾分类"的科普应用，通过单纯的分级页面展示，和通过互动游戏环节实现这一信息功能，带给用户的情感体验是完全不一样的，如果以互动游戏的方式展开，配合上活泼的动态音乐，以及添加界面动态效果，让用户在一个轻松愉快的气氛中掌握了解知识，区别于枯燥的信息展示，会让用户更加愉悦一些。因此，在满足用户功能体验的同时，能否为用户带来良好的心理体验？这是衡量用户功能体验是否成功的重要因素。

8.5.2.3 理念设计引发情感体验

移动Web产品的理念设计是一个十分抽象的概念，隐含在视觉设计和功能设计背后，是最不易被用户察觉但又对用户影响深刻的部分。理念设计来源于产品附加的社会文化、价值理念、意识形态等抽象元素，移动Web产品的理念设计引发用户情感体验表现为实现了用户的体验价值。

经前面的研究我们知道，用户的情感体验存在着较大的差异。但移动Web产品的目标用户群体往往具备一定的群体特征，可以先从共性的角度对引发其情感反应的设计要素加以分析，在此基础之上，再深入探讨个体的差异化特点。而移动Web产品的目标用户群体往往具备底层差异化显著，顶层共性化趋同的特点，因此我们可以从目标用户群体的顶层思维抓住其共同关注的内容，比如文化价值理念。通过对产品价值理念的深层次展现引发用户群体的情感共鸣成为许多移动Web产品推广探索的有效途径，例如抓住人们的爱国情怀、文化自信、对东方美学的共同追求等，产品的理念设计对设计者提出了极高的要求，需要在其设计理念的指导下提炼出能够传达文化价值、激发用户情感的设计符号，使产品具有一定的文化传导性和情感诱发性。情感反应具有动态性、随机性、情景性、综合性等特点，同一用户在不同情境下使用同一应用所产生的情感体验并不相同。以用户数据为依据或以换位思考的方法从用户体验的角度出发，时刻关注用户体验的各个环节，考虑到用户每一步可能的操作所带来了情绪反应和心理活动，以实现移动Web产品的情绪体验价值。

综上所述，良好的用户情感体验来源于多个方面，有视觉上吸引、功能上的满足和情感上的认同等，以优良的视觉体验为前提，功能体验为基础，情感体验为目标。功能体验建立在界面视觉认知和系统交互体验的基础之上，通过对交互元素的选择与操作激发系统功能与界面反应，通过满足用户需求、实现用户目标而建立用户对移动Web产品情感上的认同。此外，超脱于系统功能之外的产品理念设计同样能够引发用户群体深层次的情感体验，激发用户的潜意识情感，反映他们潜在的文化价值与理念诉求。最后，移动Web产品用户的情感体验设计同样需要符合移动Web用户的视觉心理模型，在前期以用户数据为参考，结合用户体验研究展开整体设计，并由产品测试过程中的用户反馈来评判体验效果。

第九章　基于视觉心理研究的视觉优化
设计实践

前面几章深入探讨了基于视觉心理模型的移动Web用户体验设计方法，在此基础之上，运用用户视觉心理研究的成果对移动Web应用开展进一步的视觉优化设计实践，以提升移动Web应用的视觉体验与用户体验效果，进一步验证了本课题的理论及实验研究成果以及设计方法的有效性。通过对用户视觉注意规律与特点的研究，探索符合用户视觉心理特点与行为习惯的移动Web应用的内容优化设计、界面优化布局方案及界面元素的优化显示方案，以吸引用户视觉注意，引导用户行为，促进用户体验。

9.1　移动Web应用视觉优化设计方案

好的用户体验不能为移动带来新用户，却能极大地影响访问者的再度访问。但好的界面视觉显示效果却有可能为移动应用带来新的客户。根据移动Web视觉心理模型，界面的外观、风格、特点等建构了用户的第一视觉印象，抓住用户视觉便有可能开启用户体验之旅。好的视觉印象结合好的用户体验，才能够开启移动Web应用传播推广的良性循环。

9.1.1　界面视觉引导优化设计

9.1.1.1　视觉引导与显示优化设计

视觉显示方面，移动Web应用由于受到设备屏幕的限制，要求信息内容的高效简洁呈现，同时由于移动设备显示环境时常变化，还需要考虑到在各种环境下的界面显示效果，如夜间模式、运动模式等。根据移动Web用户视觉心理模型，产品界面的配色、布局、图标、图形等直观视觉元素决定了用户对产品的视觉印象和本能层的知觉体验，对移动Web产品体验起到先入为主和吸引注意的作用。相比于电脑端应用界面信息呈现的纷繁复杂，移动端应用界面的信息呈现往往更加简洁易读，主要考虑到屏幕空间的限制与用户视觉特点。界面布局的简洁直观性要求界面信息元素与交互元素清晰呈现、层次分明且易于辨识和操作，这与可用性设计原则的要求是一致的。简洁直观的界面设计以高效传达和便于操作的形态将用户更快地带入产品世界并融入产品体验，更快更好地建立用户与移动Web产品之间的情感认同与信赖。

结合移动Web应用界面显示特点及用户视觉注意特点对移动Web应用界面进行优化显示设计，其主要目标为良好的视觉体验、信息体验与情感体验效果。以视觉设计为基础，首先考虑系统功能模块与界面信息元素的优化显示设计。运用引起用户注意的界面元素视觉特征对移动Web应用界面的信息内容进行显示优化设计，以实现对用户视觉的合理引导，同时达到舒适的视觉体验效果和界面传播效果。视觉设计时应重点考虑的问题是用户视线的移动路径和用户视线可能重点关注和长时间停留的位置，在一定程度上影响了用户视觉获取信息内容的顺序，移动应用界面设计也应当据此设计出合理的信息展示路径，并将重点内容放置于视觉优先区域。这也是移动Web应用视觉优化设计的主要方法之一。但在做界面视觉优化设计之前，首先要做好移动Web应用产品的系统功能与信息元素的显示优化设计。

科学的研究方法可以通过精密的眼球追踪仪器来确定用户在看什么，以及他们的视线在屏幕上是如何移动的。但如果只是想略微调整一下某个页面的视觉设计，也可以通过用户反馈。成功的视觉设计能够引导用户视线移动遵循一条流畅的路径，而不是在各种元素之间跳来跳去。引导用户视觉去关注产品界面的主要功能和重要内容，通过视线引导能够更高效地获取信息和完成任务，尽可能地避免用户视觉注意受到无关信息的干扰或偏离主要目标。换句话说，成功的视觉引导设计不应该分散用户对那些"支持目标或任务完成"的信息或功能的视觉注意力，形成不必要的甚至是负面的干扰。

9.1.1.2　视觉传达与信息接收效率

移动Web应用界面通过"对比"与"统一"的手段提升界面视觉传达效率，或者说用户视觉接收效率。统一视觉设计是指通过界面视觉元素显示的一致性，如大小、行高、颜色等，同化同类元素的显示，降低对用户视觉的干扰。对比视觉设计是指通过醒目的颜色、大小、字体等，在视觉元素之间形成鲜明的对比，进而加强用户对视觉元素的接受与选择，提升界面视觉传达与用户视觉接收效率。相反，使用接近的颜色或字体显示不同内容，则会造成用户视觉辨别能力的下降，只能通过进一步的理解分析辨别内容，延长了辨别时间，降低了视觉接收效率。

9.1.2 系统功能显示优化设计

从满足用户需求的角度来看，移动Web产品设计的核心关注为系统功能和内容显示。系统功能模块反映了移动Web应用的信息结构与逻辑结构，以系统功能模块组合为完整的应用。系统功能模块的界面显示只有遵循主次分明、突出重点、引导用户视觉的设计原则，才能让用户抓住重点，快速定位到核心功能，以实现其主要需求。根据移动Web用户视觉心理模型，用户的视觉规律与行为习惯深刻影响着信息功能的传达效率。因此，根据用户的视觉行为特点对系统功能模块显示结构进行布局优化设计，进而影响移动Web应用信息功能的实现和信息交互的体验过程。

根据用户任务的优先级来进行具体的界面元素显示分级与优化设计，深入挖掘用户的需求与产品主要的功能目标，并在用户需求和产品功能目标之间建立有效的对接。主要围绕着两个问题，"用户想看到什么"和"我们希望用户看到什么"。而我们判断用户想看到什么的依据主要来源于某项功能的使用人数、使用频次、使用程度。最后，基于用户需求分析任务流的优化和迭代，达到优化系统功能设计的目标。根据用户任务流的优先级确定系统功能模块的显示级别，大体遵循以下原则：

1. 优先显示核心功能模块。根据用户视觉浏览习惯与视觉注意特点，移动Web应用功能模块在信息界面中的显示位置直接影响用户的视觉效果和使用效果。可以将核心功能模块凸显于信息界面的重要位置，如淘宝首页图片切换效果位于界面居中顶部位置，且在页面加载时优先出现于用户视线（即优先渲染）。重要位置的核心功能模块率先抓住用户视觉。在响应式界面设计方法里，可采用"双飞翼布局"，如图9-1所示。界面划分为顶端、主体和底端部分，其中主体部分划分为左、中、右三个区域，左右区域宽度固定，中间区域为应用的核心功能区域，其宽度随着屏幕宽度的变化而变化，且始终铺满屏幕除左右以外的剩余宽度。这一显示布局设计的优势主要体现在能够以最大有效区域呈现应用的核心功能模块且在网速较慢的情况下能够优先渲染显示其内容。

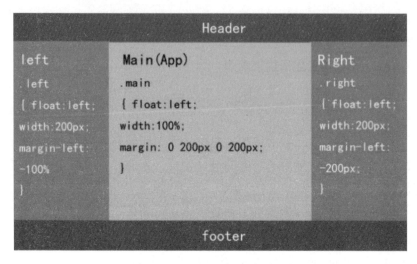

图9-1　双飞翼布局

2. 系统功能模块分级显示。根据移动Web应用的信息组织结构将功能模块划分为主次层级关系，分级层次结构是指从逻辑上将系统功能划分为若干模块，并根据重要程度确定显示层级。界面显示时根据系统功能模块的层级关系确定其在界面中的显示位置，以达到吸引用户不同程度的视觉注意。

3. 同级功能模块平行显示。当处于同一主次级别的功能模块，通常为同类内容，需要共同显示于信息界面且不分主次时，可以采用平行显示方式。在响应式界面设计方法中，可以采用"栅格布局"，如图9-2所示。栅格布局划分为左、中、右三个部分且各部分区域的宽度随着屏幕宽度的变化而同时等比例缩放，确保界面三个部分的内容无论在何种终端设备的显示环境下都能够以同等大小比例显示，适用于同级别平行显示内容。

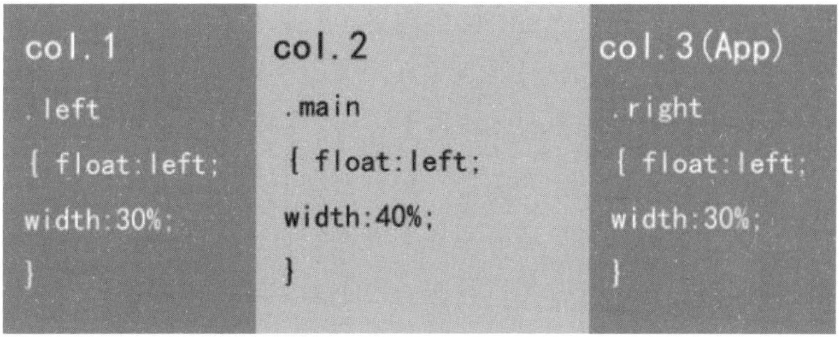

图9-2 栅格布局

9.1.3 信息内容显示优化设计

根据移动Web用户视觉心理模型，信息内容的传达决定了信息功能与信息体验的实现，在行为层面上影响着用户的视觉行为。因此，信息内容的显示设计影响着用户视觉行为体验，进而影响交互体验与心理体验。

9.1.3.1 显示方式设计

如今的网络传媒时代是内容为王的时代，信息内容与功能体验是用户访问移动Web应用的直接目的。移动Web应用界面通过将文本、图片、视频等不同类型的信息内容组合到一起，相互协作去满足用户的某些需求。

信息内容的显示设计，从视觉上引导用户行为，从功能上实现用户体验目标，其关键在于信息流设计与用户任务流类型。信息流同样反映了用户所需求的内容，但相比如任务流，信息流显得更加广泛、散漫和无规律性。但主体的信息流是可以大致确定的，根据系统功能模块的层级划分，确定信息内容的显示，信息流往往是配合任务流进行显示的，例如用户为了完成购买任务，需要查看哪些信息。

成功的界面设计能够让用户一眼就看到"最重要信息"或"最想要信息"，紧随其后的是关注到正常显示内容，而对于用户不需要的信息，就不应该显示在界面上。最为关键的是以一种能"反映用户思路"和"支持用户任务目标"的方式来分类和排序这些信息元素，并根据产品信息架构的分类进行分级显示。首先要对信息内容进行显示优先级别的排序与设计。以一款新闻资讯类的Web应用为例，根据用户关注对新闻资讯进行内容显示上的优先排序，首先在信息架构中划分出信息内容的重要级别，大体上划分为重要内容、一般内容和辅助内容，在此基础上再根据实际情况对内容层级加以细分，可以通过层级关系图或中心辐射关系图加以清晰地展示，并在应用界面的排版位置和排版方式也有所差异，进而在做界面设计时元素显示的优先级别也较为清楚。根据移动应用的功能模块对界面内容进行设计。以移动新闻客户端应用界面为例，首先，根据用户模型确认界面显示内容，对内容进行分类；其次，对不同类别的内容进行显示优先级别的排序；最后，结合类别及显示优先级别对显示内容进行显示方式的设定，包括显示位置、大小及显示颜色等视觉特征的设定。

1. 移动Web应用界面通常在重要位置以突出显示方式显示重点内容。结合信息内容导航设计，往往将主要栏目放置于全局导航之上，时刻提醒用户的注意。需要重点显示的内容可以呈现在容易被用户视觉关注到的位置以突出的视觉特征加以显示。根据用户视觉浏览的F型规律，位于界面顶部、中部和左边的内容相对而言更容易获得用户更早的关注，充分运用这一视觉规律，结合信息架构内容的重要级别，将更为重要的内容放置于视觉优先区域。对于具体的信息内容显示如标题、LOGO等，再结合视觉特征设计，以差异化的颜色或大小、形态加以突出显示，从显示位置和视觉特征两个方面牢牢抓住用户视觉。

2. 移动Web应用界面通常以平行结构显示主要内容，通常以陈列式、列表式、宫格式布局显示主要功能模块。通常以局部导航，建立一般内容与父级、兄弟级及子级的关系。根据用户的功能需求和信息需求，其常用功能模块往往显示于界面的主体区域，便于用户查看与定位。如果信息功能模块没有主次之分，通常以平行结构加以显示，以便有着不同功能需求的用户都能够方便地找到自己所需模块。

3. 移动Web应用界面通常以不重要位置和不显著的视觉特征显示辅助性内容如版权信息、说明文字等，以避免过多繁杂信息对用户视觉产生干扰，形成主次分明的显示结构。但对于一些用户平时不需要，但有时又急需查找的内容，可以以辅助导航或友好导航的形式呈现，如客服信息、法律声明等。当用户需要查看辅助性内容时，在界面中能够随时找到，但不会影响主要内容对用户视觉的持续吸引。

9.1.3.2 视觉特征设计

在确定了信息内容之后，还要进一步确定信息内容的显示位置和显示方式。根据用户视觉规律与特点的相关研究，如"F形"视觉浏览规律及容易引发用户关注的视觉特征，对移动Web应用的信息内容进行显示优先设计，将重要信息内容以更为显著的视觉特征显示（如突出的颜色、大小、运动等）或根据用户视觉浏览习惯放置于用户视觉优先浏览的位置，以吸引用户视觉的注意，引发用户兴趣和关注。

在对界面内容进行了结构设计和优先显示排序的基础之上，采用合理的显示方式对不同的内容进行展示，以突出显示方式展示产品发布者希望最先抓住用户注意的内容，如果用户能够在第一时间获取其最需要的信息，会增加用户对应用界面的信赖感。

优先显示内容的显示方式：首先根据移动用户视觉浏览规律，以优先位置显示优先内容，所以往往根据界面内容结构设计优先排序，在界面上进行自上而下、从左到右的展示，符合用户的视觉浏览规律，使得用户能够自然获取最重要信息。根据用户的视觉浏览规律，通常将更为重要的内容放置于视觉优先区域。

其次根据引起用户视觉注意的视觉特征，以突出显示颜色、大小、运动、方向等特征来凸显重要内容以引起用户视觉的注意。对比是引发视觉注意的有效方法，通过与周边元素差异化的颜色、大小、运动等引起用户视觉的关注是界面元素显示设计中常用的手段。差异化的视觉特征更容易引起用户视觉的注意，这是人的视觉本能，利用这种本能进行差异化的界面元素视觉特征设计以突出显示重点内容，引导用户去关注某些内容，用户无形中受到界面视觉设计更多的引导而去关注界面想要传达的内容。一般需要引起用户更多注意的信息元素，以更亮或更醒目的色彩加以设计；不需要突出显示的内容可以使用更暗淡的颜色。而鲜明的颜色对比会加强用户视觉对信息内容的判断和选择，提升了用户的视觉信息接收效率。例如微信界面，以标准色绿色突出显示当前页面的导航图标"微信"页面，以警示色红色显示更新内容、新消息，很多应用会通过醒目的图形或颜色提示错误或警告信息等。

9.1.3.3　显示大小设计

除了显示方式、视觉特征，还可以通过显示区域、文字的大小对界面元素显示的优先级加以区分呈现。一般而言，越为重要的内容以更大的区域显示，同时较大的信息元素能够更快地引发用户视觉关注，但并非越大越好，还要考虑界面的整体布局美观性与用户视觉的舒适度。为了达到用户视觉上的舒适易用效果，除了以优先显示方式显示重要内容，还需要在界面元素显示上实现合理的显示大小，以达到人眼最佳的舒适度感受。一般而言，不同设备界面内容的合理显示大小有所不同。经测试，正常情况下，PC终端上显示物理宽度为 4.23mm、平板电脑上显示 2.81mm、手机屏幕上显示 1.58mm 见方大小的文字对于人眼来说是最舒适的。而根据屏幕分辨率匹配原理所计算出不同设备屏幕元素的显示大小，以文本为例，其计算方法为字号大小=（文字物理宽度）×（屏幕宽度像素个数）/（屏幕物理宽度）。

以iPhone6 plus为例，其屏幕分辨率为1920*1080，其屏幕有5.5英寸和4.7英寸两种，其中5.5和4.7英寸为屏幕的对角线长度，根据勾股定理计算出5.5英寸屏幕对应的物理宽度为3.3英寸，而4.7英寸对应的屏幕物理宽度为2.82英寸，再根据转换关系（1英寸=2.54cm）计算屏幕实际宽度，进而计算字体大小，再结合UI设计规范推算出其他元素的最佳显示大小。

表9-1　iPhone6 plus系列部分设计元素大小

状态栏高度	导航栏高度	标签栏高度	应用图标	主屏图标	导航栏图标	标签栏图标
54px	132px	146px	180px	114px	66px	75px

根据屏幕分辨率匹配方法计算出iPhone6 plus 5.5英寸屏幕的匹配字号为：1.58mm*1080/（3.3*2.54）cm=20；iPhone6 plus 4.7英寸屏幕的匹配字号为：1.58mm*1080/（2.82*2.54）cm=24。因此iPhone6 plus5.5英寸屏幕下的匹配字号为20号字，而iPhone6 plus4.7英寸下的匹配字号为24号字。再结合表9-1中iPhone6 plus系列UI设计规范推算出其他设计元素的显示大小。

基于屏幕分辨率匹配原理所计算出的元素尺寸大小是人眼较为舒适的显示大小，此外同类元素的显示大小还与其优先级别相关，但较大面积显示的同类元素尽量采取最佳显示大小，以确保用户视觉的舒适度。以1080P

主流屏幕的文本显示为例，在界面显示中占据主要内容的正文往往采用最佳显示大小，其他文本内容根据显示优先级进行差异化的显示大小设计。这一方法对其他元素的显示大小设计同样适用。以1080P主流屏幕为例，结合最新的UI设计规范，其屏幕应用界面各项显示内容的最佳显示大小如表9-2所示。

表9-2　主流手机屏幕分配率适配表（1080P）

分辨率（px）	屏幕宽度（inch）	字号（em）	Logo（em）	行高（em）	按钮中（em）	图标（em）	文本间距（em）
1280×1024	17	1	7.5×3.75	1.25	6.25×1.875	1×1	1.125
1920×1080	5.57（安卓）	1.85	11.8×5.9	2.31	21.87×4.37	3.75×3.75	2
1920×1080	5.5（iPhone）	1.875	12×6	2.34	20×3.75	3.75×3.75	2.1

除了对应不同重要级别内容的文本大小，还要考虑图标、间距、标题栏高度、标签栏高度等涉及显示内容大小的设计要素。经移动Web用户视觉研究，需要符合一定的标准，也就是现下最为流行的UI设计规范。以目前最为流行的1080*1920智能手机屏幕为例，屏幕分辨率匹配原理计算最为符合用户视觉习惯的界面布局及图标大小以达到最佳视觉舒适度，图9-3显示了部分布局内容的尺寸，顶部标题栏及底部标签导航栏高度144px、导航图标96*96px等。

9.1.4　界面布局优化设计

布局决定了移动Web应用界面的整体视觉效果，布局设计的目标是良好的界面观感和始终舒适的界面视觉体验。用于解决界面元素内容的合理显示以及设备环境改变后界面及其元素的正常显示问题，以保证始终良好的界面视觉显示效果。常见的界面布局有陈列式布局、瀑布式布局等。陈列式布局直接在界面上显示各个内容、展示不同的功能模块，如图9-4所示，陈列布局能够直观地展现各项内容，方便用户浏览经常更新的内容，更适用于功能型应用。但其展示效果整齐单一，并列地展示各项内容，不适合展现顶层入口框架。瀑布式布局适合在一屏中向用户展示大量的信息，如图9-5所示。以卡片形式分割，信息展现比较聚焦，更适用于信息型应用。

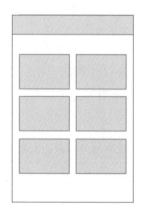

图9-3　显示大小设计　　　**图9-4 陈列式布局**　　　　**图9-5 瀑布式布局**

9.1.4.1　凸显重点内容、重要信息、层次分明

良好的移动Web应用布局需要突出重要信息、重点内容，或者说用户最为关注的内容，且信息呈现主次分明。在扁平式信息结构的移动应用中，所有的主要类别都呈现于主页面中，用户能够清晰快速地找到。根据用户视觉浏览规律，重点信息呈现于用户视觉最容易关注到的位置，次级信息呈现于次要位置等。

此外，可以通过布局强调某些功能或信息。一个视觉上的中性布局，如图9-6所示，没有任何模块是突出的，视觉对比布局可以用来引导和加强用户在页面上的视觉注意，因此，视觉上的对比布局可以增强某些功能的引导性，如图9-7所示。

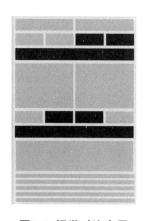

图9-6 视觉中性布局　　　**图9-7 视觉对比布局**

9.1.4.2　符合用户视觉心理习惯

受到显示屏幕的影响，信息内容的呈现只能在小小的屏幕空间里，界面布局只有符合用户的视觉心理习惯，才能达到良好的视觉体验效果。根据前面的研究，移动Web用户视觉心理活动存在着一定的规律和特点，但又是十分复杂的。界面布局想要达到良好的用户视觉体验效果，需要从版式、内容、布局等各方面加以优化设计。

首先是版式方面，受到屏幕宽高比的影响，绝大多数移动Web应用采用竖版布局，最为经典的为顶部标题栏+主体视窗+底部导航栏布局，这也是较为符合用户视觉浏览习惯的界面布局，移动Web应用界面常见的水平版式往往带给用户稳定平衡的心理感受，而竖直版式往往带给用户正式严肃的心理感受。

其次是内容方面，标题栏高度、导航栏高度、导航图标大小都需要设定至用户视觉最为舒适的程度，而大面积的出血图和全屏版式又能带给用户大气舒适的视觉心理感受，需要根据具体的内容要求加以设定。

此外在信息元素的排列布局方面，同级内容列表式、宫格状及平行排列方式带给用户均衡的视觉心理感受，信息元素之间的间距也影响着用户的视觉心理感受，不宜过于拥挤，也不宜过于松散。

9.1.4.3　响应式界面布局优化设计方法

移动Web应用界面显示内容除了考虑显示优先级、显示大小、视觉特征等方面的优化设计，还需要考虑当界面显示环境发生改变时，界面显示内容与布局如何调整以适应视觉显示环境的变化。因此，在界面内容显示优化设计的基础之上，还要充分考虑界面元素布局的响应式设计。在本书第一章移动Web跨平台应用中已经探讨了响应式界面设计的概念与方法，下面将重点讨论响应式界面设计在应用界面布局优化设计中的具体应用，响应式界面布局设计方法的运用有利于界面内容在不同设备环境下的正常显示，充分体现出移动Web应用界面设计的适应性，确保始终良好的用户体验视觉效果。

响应式布局设计的核心思想是响应式设计。响应式设计要求界面元素的布局随设备环境与用户行为的变化而变化，用于解决移动Web应用运行于不同设备屏幕的界面布局与显示问题。响应式Web设计的关键是布局问题，无论设备屏幕与显示环境如何变化，通过调整宽度、间距等，始终保持界面元素的正确显示与合理布局。其具体实现方案为基于HTML5+CSS3技术的元素定位、弹性盒与宽度比例换算方法。

首先是界面元素的定位问题，HTML5+CSS3技术方案提供了移动Web应用界面元素的几种定位方式：绝对定位（absolute）、相对定位（relative）和浮动定位（float），根据需要对不同的元素采取不同的定位方式；其次是弹性盒布局，同行同类元素如功能导航按钮采取弹性盒布局可以动态均分界面的宽度区域，使得同行元素可以根据界面宽度的变化而自动调整间距；此外还有最为重要的一点是界面元素的宽度最好换算为百分比，使得界面元素能够根据屏幕宽度的变化而自动调整显示大小。具体的实现方案如下：

1. 基于弹性盒模型的响应式布局

弹性盒布局是较为简便灵活的响应式布局方法，能够轻松实现同类元素的响应式布局，如顶部的导航菜单、主体内容的功能模块、底部标签按钮的均匀排列，因此广泛应用于移动Web应用的界面设计领域。其核心技术模型为弹性盒模型（Flexible Box）。其核心思想是将移动Web应用界面的区域模块通过赋予相关属性（display属性为flex或inline-flex）设置为弹性盒，得到一个伸缩容器作为父元素，并由若干伸缩子元素组成，即界面布局元素，如图9-8所示。当设备屏幕变化或因为用户操作导致界面显示宽度改变时，父元素容器伸缩带动子元素伸缩，重新均匀分布填充容器，以适应各种情况各种类型的屏幕变化。通常情况下，弹性盒布局不仅能够实现水平区域的元素均匀布局及变化（元素按主轴线伸缩或反向伸缩），同样能够实现垂直区域的元素均匀布局与变化（元素按测轴线伸缩或反向伸缩）。

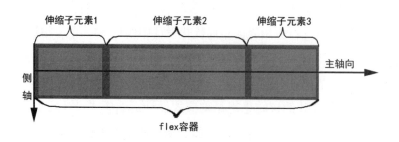

图9-8 弹性盒模型

2. 界面元素定位

（1）定位方式。HTML5+CSS3技术方案提供了移动Web应用界面元素的几种定位方式：绝对定位（absolute）、相对定位（relative）和浮动定位（float），移动Web应用界面元素根据需要对不同的元素采取不同的定位方式。在没有特殊要求情况下，绝大多数元素采取相对定位，即元素的位置可以根据左右元素的变化而变化，这一灵活的定位方式更适用于响应式布局，其具体的设置方法为：#main.box {position：relative；}。但对于需要固定在某个位置显示的元素就需要采取绝对定位了。而浮动定位方式能够实现同行元素的排列方向，left（向左浮动）和right（向右浮动）。但与对齐方式不同的是，浮动定位方式设置的是区域元素的排列方式如一整行。

（2）边距设置。边距决定了元素在界面中的相对位置关系，在没有特殊要求情况下，绝大多数元素与容器的边距采取的宽度百分比而非具体的数值，通过边距设置元素的相对位置，例如某根据logo元素需要始终保持在界面居中位置，则可以设置为：#main .logo{position：absolute；bottom：50%；right：50%；}。而当元素需要与容器边距保持固定距离时才设置固定数值的边距。

3. 分布和对齐

为了保持界面的整体美观，界面元素布局需要在视觉上呈现出均匀分布和对齐的效果。前面提到的弹性盒布局方法能很好地实现界面元素的均匀分布与对齐。除此以外，界面元素的align属性也可以用于设置界面的对齐，具体包括左对齐（left）\居中对齐（centre）\右对齐（right）等。

9.1.4.4 响应式界面布局优化设计实践

以移动Web图片应用为例开展响应式界面优化设计实践，以展示其具体实施方案。该应用为一款简单的移动端Web图片应用，不涉及复杂的系统设计与功能模块，主要是针对响应式界面布局优化方法的进一步研究与实践。其界面布局及元素定位的具体设计实践如下：

（1）界面整体布局采用的是双飞翼布局，左右两栏宽度固定，中间区域随界面宽度的改变而自动伸缩，且页面加载时始终优先渲染和显示中间区域内容；

（2）图片采用相对定位且给定左上边距以保证其从容器左上角开始显示：

#main .box img{width：100%； position：absolute；left：0px；top：0px；}

（3）顶部菜单使用了弹性盒布局方法以实现根据界面宽度的变化自动伸缩：#main #flex1{ width：100%；display：–webkit– flex；}

#main #flex1 a{ text–align：center；–webkit– flex：1；}

（4）左右箭头相对于容器外框绝对定位以保其始终处于界面的边缘位置：

#main .btnLeft{ position：absolute；left：0px；top：185px}

#main .btnRight{position：absolute；right：0px；top：185px}

（5）底部翻页按钮相对定位且其位置给予百分比以保证其始终处于界面容器的底部中央位置：

#main .page{width：132px；height：22px；position：relative；top：–100px；left：43%；}

最终将基于以上布局方案的移动Web图片应用发布于谷歌浏览器的设备模拟器，并选择多终端设备查看应用界面在不同设备环境下的视觉显示效果：图9-9为PC（1366*736）端界面视觉显示效果，图9-10 APPle iPad（1024*768）界面视觉显示效果，图9-11为iPhone 6 plus（横屏，736*414）界面视觉显示效果，图9-12为Galaxy Note3（横屏，640*360）界面视觉显示效果。

图9-9 PC端测试结果

图9-10 iPhone iPad测试结果

图9-11　iPhone 6 plus测试结果（横屏） 　图9-12　三星Galaxy Note3测试结果（横屏）

从以上测试结果可以看出，进行了响应式布局优化设计的移动Web应用界面能够根据设备屏幕的变化而自动调整其宽度及界面元素布局，始终保证良好的用户视觉体验效果。测试时特意选用了网速较慢的网络环境，从测试结果可以看到，在网速较慢的情况下打开应用也能够优先显示应用界面的主体部分，且各部分始终保持占整个界面宽度的百分比不变；采用了弹性盒布局方式的界面元素能够根据设备屏幕的变化在给定区域内自动伸缩、均匀分布，如顶部菜单；采用了绝对定位的界面元素能够始终保持固定的边距，如左、右箭头；采用了相对定位的界面元素能够保持界面中的相对位置不变，如底部中央的翻页按钮。运用以上方法实现的移动Web应用界面布局能够适应多种屏幕终端的显示要求，无论显示内容和显示环境如何变化，始终呈现出良好的界面视觉显示效果。

9.2　移动Web应用视觉优化设计实践

在基于视觉心理模型的移动Web用户体验设计方法研究的基础上，运用移动Web应用优化设计方法，开展优化设计实践，首先是基于信息架构通过线框图整合界面元素，确定核心功能与主要信息内容的布局与位置，确定界面信息元素的优先级，根据优先级决定信息元素的分组和排列，以上是界面设计与信息设计的内容，再结合视觉设计决定信息元素在界面上的呈现方式。并以用户视觉体验效果测试进一步验证本书探讨的用户体验及优化设计方法的有效性。

9.2.1 移动新闻客户端

以移动新闻客户端界面内容显示和视觉优化设计为例，运用基于用户视觉心理模型的优化显示设计方案对移动应用界面进行内容显示和视觉显示的优化设计、布局优化以及发布测试，并组织一定数量的用户群体进行视觉体验效果测试，以验证界面视觉优化设计对用户视觉体验的提升效果。但其更进一步的视觉传播效果研究需要更大范围的用户群体，以及更为细致的研究方法，这是后续研究的重点内容。该项研究的最终目的是将用户视觉参与特征转化为可执行的界面设计元素，通过界面设计元素视觉优化设计与布局，实现移动应用界面内容展示的结构合理、主次分明、重点突出且舒适易用的界面效果。

9.2.1.1 内容优化设计

根据用户模型，移动新闻客户端界面的展示元素有文本、图标、LOGO、图片、按钮等，首先对显示内容进行分类和显示优先级别的排序，再根据其类别和显示级别对其显示方式进行设定，如位置和颜色的设计、显示大小的计算等。得出初步的界面内容优化显示方案。

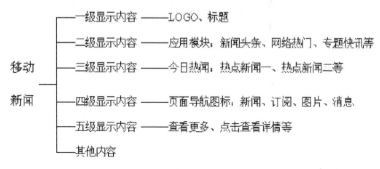

图9-13 移动新闻应用界面内容显示优先级别

移动新闻客户端应用界面内容包含LOGO、标题、首页图片、应用模块、今日热闻、页面导航图标以及辅助查看按钮几个部分，在信息架构设计中对这几部分内容根据重要程度设定优先显示级别：一级显示内容（LOGO、标题、首页图片），二级显示内容（应用模块），三级显示内容（今日热闻）和四级内容（页面导航图标），五级显示内容（辅助查看按钮），以及界面上可能存在的其他内容等，如图9-13所示。进行内容显示级别的划分与排序后，在内容显示时大体上遵循自上而下、从左到右的显示顺序，考虑到移动用户的视觉浏览习惯。需要重点突出的显示内容再以显著视觉特征（如突出的颜色、大小、方向、运动等）进行显示以引起用户视觉的注意。

9.2.1.2　视觉优化设计

在移动应用界面显示优化方案下，以iPhone6 plus系列设备为例，进行线框图的绘制。首先，以5.5英寸、1080设备屏幕为参考绘制线框图，如图9-14（a）所示。再以4.7英寸屏幕为参考进行适当的布局调整。线框图中内容排序（自上而下、从左到右）符合界面显示内容设计；界面中的文字、LOGO、图标等大小是根据屏幕分辨率匹配原理进行计算，符合人眼对于界面元素舒适度的要求。

移动Web应用界面信息元素的组织形式通过线框图加以描述，根据信息结构设计绘制应用界面线框图。再根据线框图进行移动新闻客户端界面设计，如图9-14（b）所示。除了实现线框图中的显示布局，还要进行显示特征设计，如显示颜色、方向等，并添加相应的图片素材，形成完整界面。

9.2.1.3　布局与实现

结合响应式设计原理，并运用跨平台移动Web开发技术对移动新闻应用界面进行布局与实现。其创建和布局代码如图9-14（c）所示。

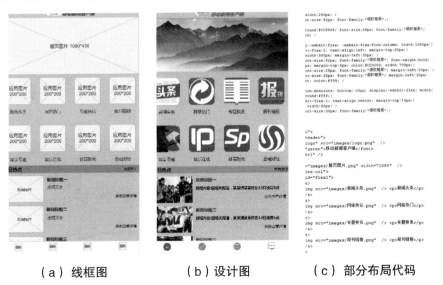

（a）线框图　　　　　　（b）设计图　　　　　（c）部分布局代码

图9-14　移动新闻客户端优化设计实践

9.2.1.4　视觉效果测试

将进行了内容显示与视觉优化设计与布局的移动新闻客户端应用界面发布于不同设备终端的屏幕模拟器，并选取一定数量的用户群体进行视觉体验测试，以测试和验证移动应用界面显示优化方案的有效性。以下是在不同设备屏幕下的界面测试效果。

图9-15　测试效果图

如图9-15所示，从左至右分别为模拟iPhone5（640×1136分辨率、4英寸）屏幕、iPhone6（750×1134分辨率、4.7英寸）屏幕和iPhone6s的（1080×1920分辨率、5.5英寸）屏幕上的测试效果，可以看出，进行了内容显示与视觉优化设计与布局的移动新闻客户端应用界面内容呈现重点突出、主次分明，且发布于不同设备终端时，界面布局能够根据屏幕宽度的变化而自动调整，始终保持良好的界面视觉效果。

根据选定的200名大学生被试群体的视觉效果测试与反馈，相关数据如表9-1所示，进行了内容显示与视觉优化设计与布局的移动新闻客户端应用界面具有良好的界面清晰度、易用性、和人眼较为舒适的元素显示大小，界面内容显示合理、重点突出、层次分明，用户能够很方便的获取有效信息。测试结果表明，进行了内容显示与视觉优化设计与布局的移动新闻客户端应用界面的内容显示与视觉设计较为符合用户群体的视觉体验习惯，能够实现良好的界面视觉引导功能与体验效果。

表9-1 用户视觉效果测试与反馈

	非常好	良好	较为舒适	较差	不确定
元素显示大小合理性	127人	54人	22	2	1
界面辨识度与易用性	117	51	30	1	1
重点突出，层次分明	125	46	28	1	0
整体视觉舒适度	128	50	20	0	2

9.2.2 移动图书馆

再以移动图书馆为例，继续开展基于用户视觉心理模型的移动Web应用界面的优化设计实践。结合移动Web用户视觉行为规律与心理特点，进行移动Web应用的视觉优化设计，包括对界面显示内容、信息组织形式、视觉优化方法的深入研究与设计，主要包括界面信息内容的显示优化设计和视觉优化设计。其中信息内容的显示优化设计包括显示优先级排列和显示方式设计；视觉优化设计包括视觉规律研究和视觉特征设计。首先使用线框图对界面信息元素的组织形式加以呈现，再通过界面设计和交互设计实现应用功能，发布于不同设备平台进行用户视觉效果测试，以用户视觉体验反馈结果验证设计方法的有效性并对现有设计加以改进提升。

9.2.2.1 内容显示优化设计

围绕移动Web应用的主要功能模块和重要信息内容，对全部信息内容加以分类和排序，确定哪些内容需要展示在界面上，哪些内容不需要展示在界面上，哪些内容需要重点展示等。以移动图书馆的"个人中心"界面的内容显示设计为例，围绕其主要功能模块，设计出其界面信息元素的显示层级。其中标题和LOGO作为应用最重要的内容，置于页面顶端中部，会被用户视觉率先注意到；核心功能模块"我的图书""最近阅读""最新读物""读书笔记"等置于页面中间主体部分，会引发用户视觉的重点关注，其他内容分别根据其重要性及显示优先级别确定在界面上的显示位置与显示方式。

移动图书馆内容显示优化设计的目标是确定界面内容的显示级别与

显示方式，对需要重点显示的内容放置于用户视觉的重点关注区域，如界面的中间部分；次要显示内容放置于用户视觉偏弱的关注区域，对需要突出显示的内容以突出的视觉特征加以显示。首先在内容设计上要分清主次关系，划分出内容层级关系与重要程度与显示级别，其次在显示位置和显示方式上加以区分。移动图书馆的界面信息内容可以划分为重点内容（LOGO、标题）、主要功能模块（"我的图书""最近阅读""最新读物""读书笔记"等）、一般性内容（登录、注册及页面标签导航）及其他辅助性内容，如图9-16所示。

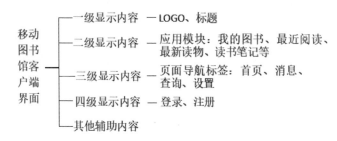

图9-16　移动图书馆界面内容显示优先级别

根据信息架构内容重要程度与显示级别的划分，结合用户视觉浏览规律，确定相关内容在界面中的显示位置与显示方式。但用户视觉的实际关注情况还受到其主观能动性的影响，对于用户主观上想要获取的内容，无论放在界面任何位置，都会得到用户的重点关注，甚至通过搜索的方式获取；而对于用户不会主动关注的信息，其引发用户视觉注意的程度往往取决于其在界面上的显示位置和显示方式。如移动图书馆"个人中心"界面的标签导航按钮即便是放到页面底端，仍然能够引发用户的主动关注。

9.2.2.2　界面视觉优化设计

根据移动图书馆界面内容显示优先级别确定各项内容的显示位置与显示方式，并通过线框图加以初步呈现，如图9-17所示。界面相关元素的显示大小是根据屏幕分辨率匹配原理计算得到的，符合人眼对于元素大小舒适度的要求。同行显示的同类元素如标签导航按钮采用弹性盒布局方式，同时将元素的边距、间距等转换为界面宽度的百分比，以符合响应式界面设计要求。

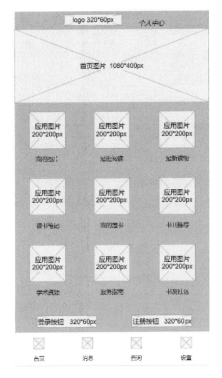

图9-17 线框图

根据线框图进行界面设计，确定具体信息元素的图标、图像及文本内容，同时考虑其交互操作的易用性。根据用户视觉浏览习惯，大体上根据之前确定好的内容显示优先级自上而下排列布局，对于特殊显示内容如标签导航按钮还要根据移动Web用户的视觉习惯放置于界面底部。对于需要突出显示的内容如标题、LOGO等采用特殊的字体、字号、形态以吸引用户的视觉注意。整个界面中需要突出显示的内容多以系统标准色加以显示以引发用户视觉的关注。

9.2.2.3 布局与实现

基于HTML5移动Web开发技术进行具体的元素创建、外观编辑、交互样式与布局。界面设计是在信息架构与线框图的基础上实现的，具体的界面元素创建参考界面设计效果图，结合CSS3进行界面元素的外观样式编辑与交互样式的创建，采用响应式布局方式进行界面元素的布局，并结合JavaScript语言实现界面元素的交互功能。

9.2.2.4 视觉效果测试

对基于以上方法设计并实现的移动Web应用界面进行移动终端发布与视觉效果测试，在不同设备终端发布与测试的效果如图9-18所示。从左至右分别为iPhone5的4英寸640×1136屏幕、iPhone6的4.7英寸750×1134屏幕和iPhone6s的5.5英寸1080×1920屏幕上的测试效果。从测试结果可以看到，界面元素内容显示主次分明、结构清晰，且用户能在第一时间获取主要的功能信息，且便于用户选择相应的功能按钮进行界面操作。界面视觉元素的显示大小较为合适，且在不同设备终端的界面显示效果良好。根据选定的85名大学生被试群体的视觉效果测试与反馈结果，绝大多数被试认为界面元素显示清晰、布局合理、可读性强、便于操作且视觉体验效果良好，且能够很快定位到界面重要功能并且操作便捷；2名被试表示界面信息元素的呈现不能完全满足其信息功能需求，1名被试对界面视觉体验效果的评价持不确定态度。但整体来看，经内容显示优化设计和视觉优化设计的移动图书馆应用界面符合绝大多数用户群体的体验要求与视觉习惯，有助于提升移动Web应用界面的用户体验效果。

图9-18　不同屏幕下的测试效果图

9.2.3　移动学习平台

随着社会信息服务的发展，在线学习越来越流行，特别是近几年由于疫情防控的需要，在一些特殊的社会环境下，在线学习甚至取代了线下学习，数据社会形势的发展，国内许多高校越来越多地开发和使用移动学习平台，而国外的一些高校，如斯坦福大学、哈佛大学等美国大学很早就使用了移动学习平台。移动学习平台的优点在于学生可以随时随地通过手机访问学习资源，有助于学生利用碎片化的时间进行学习管理，是对线下课题教学的有益补充，且近年来在疫情风险较大的社会环境中甚至取代了线下课程教学。

该案例设计移动学习平台并实现其界面显示的优化设计，以实现良好的用户体验效果。由于其内容与界面优化方法与前两个案例较为类似，在此就不一一陈述了，下面仅针对视觉设计部分进行相关的研究与阐述。

9.2.3.1　界面显示与元素定位

围绕用户的视觉体验效果，从视觉舒适度、视觉传达效果、视觉交互效果等方面对界面信息元素和交互元素加以优化设计。首先是用户视觉舒适度方面的考虑，界面信息元素标题、LOGO、文本、图标等显示大小仍然根据屏幕分辨率匹配原理加以计算和呈现；导航菜单、标签按钮、链接入口等充分考虑用户的视觉行为习惯和心理特点，放置于用户便于发现和操作的位置，并以区别于常规内容的形式加以显示；界面布局仍然采用响应式界面布局方法以适应多种屏幕终端及用户视觉环境变化。经响应式界面布局设计和未经响应式界面布局设计的移动学习平台界面分别如图9-19和图9-20所示。很显然，基于响应式设计的移动学习平台界面能够更好地适应设备屏幕的变化，无论显示环境如何变化，始终呈现给用户良好的视觉效果。

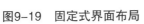

图9-19　固定式界面布局　　　　　图9-20　响应式界面布局

①界面宽度计算

为了达到一定的用户视觉效果，移动学习平台界面左右留有一定的边距，其优点是能让用户清晰感受到应用的边界，但是对界面宽度的计算产生一定影响。为了符合响应式界面布局的要求，界面宽度计算仍然采用百分比以适应设备屏幕宽度的变化。其具体计算方法为：

$$界面宽度百分比 = \frac{1080 - 边距 \times 2}{1080} \times 100\%$$

②元素宽度与间距计算

其界面主要功能模块例如课程中心下设的5项内容采取"多列布局"以并列呈现。各功能模块均分界面宽度并均匀分布以实现均等的视觉关注效果。功能模块区域的宽度同样需要采用百分比以适应设备屏幕的变化。其具体的计算方法为：

$$元素宽度百分比 = \frac{主界面宽度-间距 \times（元素个数-1）}{主界面宽度 \times 元素个数} \times 100\%$$

$$间距百分比 = \frac{间距}{主界面宽度} \times 100\%$$

布局代码：<img src="images/专业课.jpg"；width=18.4%；margin=2% />

以此方法布局的多列元素排列如图9-21所示，其元素宽度和间距均能够根据屏幕宽度的变化而自动伸缩。

图9-21　宽度百分比换算的多列布局

9.2.3.2　界面整体设计与优化布局

1．线框图

首先使用线框图确定其界面布局效果，其界面设计是以当下较为主流的1080P/5.5英寸屏幕为基准，在多视图环境下拓展至多款设备屏幕。界面元素的布局同样围绕用户视觉体验效果，符合用户视觉行为规律与心理特点，符合界面元素清晰展示、层次分明，操作便捷等界面及交互可用性设计原则，并且整体界面布局符合响应式界面设计原则。其界面设计与布局的线框图如图9-22所示（由于屏幕较长，线框图分上下两部分截图展示）：

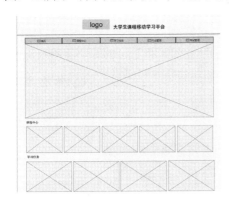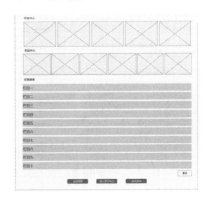

图9-22　移动学习平台线框图

2. 坐标与尺寸计算

固定尺寸的界面元素大小计算同样符合屏幕分辨率匹配原理；多列布局的主要功能模块可采用弹性盒布局。考虑到用户视觉体验效果，应用界面两端保持一定边距，其界面宽度、区域宽度、区域间距及大面积元素如图片、视频等采用百分比宽度，此时屏幕宽度的计算方法为：（屏幕宽度－（边距×2））/屏幕宽度×100%；特定区域内部的同类元素尽量采用弹性盒布局，当设备屏幕宽度变化时，其大小及布局进行自动伸缩；重要的导航图标、标签菜单、文本按钮等采用标准大小（根据屏幕分辨率匹配原理计算所得），当设备屏幕宽度变化时，此类元素的间距改变，大小不变。

3. 界面布局实现

在界面布局与元素显示大小确定以后，根据实际情况创建界面元素并编辑其外观和显示方式。考虑到用户视觉效果，其界面具体实现方式需要遵循以下基本原则：

（1）分辨率适配原则

界面元素显示大小需要符合人眼的最佳视觉效果，同样以1080P5.5英寸主流屏幕为参考，扩展至其他设备屏幕。同样根据屏幕分辨率匹配原理计算界面各元素的显示大小及间距。

（2）响应式布局原则

界面整体布局遵循响应式布局原则，移动Web应用界面的响应式布局方法前文已经进行了详细的论述，此处不再赘述。

4. 发布测试

最终将进行界面视觉优化设计的移动学习平台发布于基于Web显示环境的多设备终端模拟器并测试其视觉显示效果，如图9-23所示。

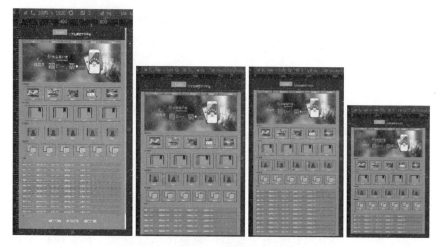

图9-23　不同设备终端的界面测试效果

自左向右分别为该移动学习平台在1080×1920、750×1134、640×1136、640×960屏幕上的视觉测试显示结果，其界面元素清晰呈现、操作便捷，且在各种设备屏幕显示环境下均能够保持较为良好的视觉显示效果。尽管测试中还存在一些小问题，如边距和边框的显示问题，但经相关参数调整后便可轻松解决。由于移动学习平台属于长页面显示，用户在浏览时可以通过上下划屏切换界面显示区域。

以上基于用户视觉行为规律与心理特点开展移动Web用户界面的视觉优化设计实验，以提升移动Web用户体验效果，进一步验证了本书理论与方法研究的正确性、可行性和有效性，但受限于技术条件与开发设备，移动Web用户体验设计难以完全深入到后台技术领域的各个方面，主要是在对用户体验环境的模拟、发布与测试的基础上开展的研究，有待于更为深入地融入后台数据开发技术，实现更为全面真实深入的用户体验。

第十章　总结与展望

本书从多个方面探讨了移动Web用户体验设计，从移动Web应用的发展到用户视觉、行为与心理特点再到用户体验设计，提出了基于视觉心理模型的移动Web用户体验设计方法，应用于设计实践，实现对移动Web应用界面的视觉与用户体验优化。在移动Web用户体验和视觉研究的基础上，基于诺曼体验分层理论，从本能层、行为层、体验层等几个层次对移动Web用户体验设计展开具体的研究，包括从视觉体验设计到互动体验设计到情感体验设计的层层深入的研究。具体的研究内容包括以下几个部分：

第一部分阐述了移动Web应用发展的网络环境、技术平台、信息交互理论及方法，为移动Web用户体验设计的深入研究奠定了相关的技术研究、理论研究和环境研究的基础；

第二部分在相关视觉心理学理论研究的基础上，开展深入的用户视觉心理理论研究及实验研究，其中眼动实验作为当下最为重要的视觉心理研究的研究方法，对本书的理论研究起到了重要的支撑作用。

第三部分在用户体验相关理论、用户体验设计方法研究的基础之上，开展基于用户视觉心理模型的视觉优化设计实践，以验证理论研究与方法研究的可靠性。

本书探讨的核心问题在于如何运用移动网络用户视觉心理研究的成果对移动Web应用的用户体验设计加以改进。为了实现这一目标，深入研究了移动网络用户的视觉感知过程、视觉行为习惯、视觉思维习惯、视觉注意特点以及屏幕视觉传播过程，将用户视觉感知与心理感受的抽象过程落实到具体的行为规则上，如移动Web应用界面的视觉浏览规律、引发用户视觉注意的视觉特征、刺激用户视觉心理感受的界面元素等，以此为依据指导移动Web应用的界面设计、交互设计与体验设计，开展具体的用户体验设计与视觉优化设计实验，以佐证全书论证的内容。

随着信息技术和智能设备的发展，基于HTML5开发的移动Web应用具备轻量级、便捷性、跨平台应用，以及不用下载安装等优点，必将拥有更为广阔的应用前景。甚至有学者提出假设，在未来社会，移动Web应用将逐渐取代万维网和原生手机应用，拥有越来越多的市场份额。随着移动网络应用技术从4G到5G再到6G的发展，以及更为多样化的智能设备的普及，移动Web应用的进一步推广将势不可当。相比于原生APP，移动Web APP的免安装、轻量级、跨平台等应用特性，使其具备了在未来社会广泛推广与应用的优势。而在移动Web应用迅速扩展的时代，如何更好地把握用户视觉、行为与心理特点，通过设计不断优化其用户体验效果，在越来越拥挤的移动网络应用市场取得一定的竞争优势，成为移动Web应用产品设计与开发人员更为关注的问题。

参考文献

［1］Hernandez Pedro. Microsoft Rolls Out Prerelease Outlook Web APP for Android［J］. eWeek，2014：8.

［2］Taft Darryl K. Amazon Accepting HTML5 Web APPs in APPstore ［J］. eWeek，2013：1.

［3］Serrano Nicolas，Hernantes Josune，Gallardo Gorka. Mobile Web APPs［J］. IEEE Software，2013，30（05）：22–27.

［4］CAMPBELL JAY. A Note On Mobile APPs：Web，Native And Hybrid ［J］. Business Travel News，2013，30（6）：26.

［5］Elgan Mike. Mobile APPs Bringing the End of the World Wide Web as We Know It［J］. Eweek，2014：5.

［6］Konrad，Alex.Asana Finally Launches A Native iOS APP After Facebook Cofounder Bet WrongOn Web–Based APPs［J］. Forbes.com，2014：3.

［7］黄悦深. 基于HTML5的移动Web APP开发［J］. 图书馆杂志，2014，133（7）：72–77.

［8］Kelly Meeneghan.Moving From Mobile APPs To Web APPs. Restaurant Business［J］. 2013，112（4）：79.

［9］林珑. HTML5移动Web开发实战详解［M］. 北京：清华大学出版社，2014.

［10］田嵩. 基于轻应用的移动学习内容呈现模式研究［J］. 电化教育研究，2016（2）：31–37.

［11］王德，朱礼才淇，晏龙旭. 移动网络使用特征及其虚实空间联动性研究［J］. 同济大学学报（社会科学版），2022，33（01）：56–66+77.

［12］林沐. 5G移动通信网络发展的历史与现状——评《5G网络建设

实践与模式创新》［J］．中国科技论文，2021，16（10）：1162-1163.

［13］张继东，蒋丽萍．融入用户群体行为的移动社交网络舆情传播动态演化模型研究［J］．现代情报，2021，41（05）：159-166+177.

［14］钱志鸿，肖琳，王雪．面向未来移动网络密集连接的关键技术综述［J］．通信学报，2021，42（04）：22-43.

［15］黄立赫．"5G+人工智能"对传统媒体行业的重塑与创新［J］．新闻爱好者，2021（09）：69-71.

［16］宫晓东，张佳乐，陈立翰．老年人心智模型研究及在交互设计领域的应用［J］．包装工程，2021，42（24）：84-92.

［17］王垚，邓逸钰．人工智能时代的移动阅读：需求、内容及交互设计［J］．现代出版，2021（06）：76-79.

［18］王柳，刘卓．高龄用户感官无障碍交互体验设计研究［J］．包装工程，2021，42（22）：177-184.

［19］刘婷婷，刘箴，柴艳杰．人机交互中的智能体情感计算研究［J］．中国图象图形学报，2021，26（12）：2767-2777.

［20］唐忠林，杨建华，雷宏伟．语音交互与力感知式智能牙周探针开发［J］．传感技术学报，2021，34（11）：1555-1562.

［21］薛澄岐，王琳琳．智能人机系统的人机融合交互研究综述［J］．包装工程，2021，42（20）：112-124+14.

［22］韩正彪，翟冉冉．国外基于任务的信息交互研究现状与进展［J］．情报资料工作，2022，43（01）：81-91.

［23］钱蔚蔚，王天卉．数字图书馆信息交互服务中用户情绪体验的实验研究［J］．图书情报工作，2021，65（20）：101-112.

［24］丛玉华，何啸，邢长达．基于计算机视觉手势识别的人机交互技术研究［J］．兵器装备工程学报，2022，43（01）：152-160.

［25］朱富丽，杨磊，申玉斌．基于眼动特征的视觉交互状态分类方法研究［J］．航天医学与医学工程，2021，34（06）：426-431.

［26］Lakoff, G., and Johnson, M. Philosophy in the Flesh：The Embodied Mind and Its Challenge to Western Thought. New York：Basic Books，1999.

〔27〕 徐四华，丁玉珑，高定国．关于阅读的眼动研究〔J〕．心理学报，2005，28（2）：467-469.

〔28〕 Rayner，K.，Barbara，J.，Jane，A.，etc. Inhibition of Saccade Return in Reading〔J〕．Vision Research，2003，43：1027-1034.

〔29〕 Rayner，K. Eye Movements in Reading and Information Processing：20 Years of Research. Psychology Bulletin，1998，124（3）：372-422.

〔30〕 Kliegl R．，Nuthmann A. Engbert，R.Tracking the Mind During Reading：The Influence of Past，Present，and Future Words on Fixation Durations〔J〕．Journal of Experimental Psychology：General，2006（135）：12-35.

〔31〕 权国龙，董楠，陈金艳，等．基于思维导图的情感效用阅读实证研究〔J〕．中国电化教育，2019（3）：55-62.

〔32〕 李有亮．"通感"的发生机制解析——一个视觉心理学的理论视角〔J〕．社会科学，2007（06）：185-189.

〔33〕 熊汉伟，张湘伟，张洪．基于视觉心理学的SFS流形算法研究〔J〕．光学技术，2006（04）：574-577.

〔34〕 余天放．批判性思维的"可一般化"争论及其认知心理学解释方案〔J〕．西北师大学报（社会科学版），2021，58（05）：110-118.

〔35〕 孙翀．德国格式塔心理学视域下的电影感知研究〔J〕．当代电影，2021（05）：33-38.

〔36〕 孟凡君．中西认知神经美学发展的比较〔J〕．社会科学家，2021（03）：21-27.

〔37〕 Soukup，C.Exploring Screen Culture via APPle's Mobile Devices：Life Through the Looking Glass.London，UK：Lexington Books，2017.

〔38〕 Introna，L.D.and Ilharco，F.M.On the Meaning of Screens：Towards a Phenomenological Account of Screenness.Human Studies，2006，29（1）：57-76.

〔39〕 国玉霞，颜士刚．论视觉传播视野下的知识可视化过程〔J〕．电化教育研究，2016（3）：21-25.

［40］Kim, K. J., and Sundar, S. S. "Mobile Persuasion：Can Screen Size and Presentation Mode Make a Difference to Trust?" Human Communication Research 42.1（2016）：45–70.

［41］Kim, K. J., and Sundar, S. S. "Can Interface Featu

［42］Anne Friedberg.The Virtual Window［M］. Massachusetts：MIT Press, 2006.

［43］Introna, L. D., and Ilharco, F. M. "The Ontological Screening of Contemporary Life：A Phenomenological Analysis of Screens." European Journal of Information Systems 13.1（2004）：221–234.

［44］Mc Luhan, M. Understanding Media. Cambridge：MIT Press, 1994.

［45］Introna, L. D., and Ilharco, F. M. "On the Meaning of Screens：Towards a Phenomenological Account of Screenness." Human Studies 29.1（2006）：57–76.

［46］Rayner, K., Barbara, J., Jane, A., etc. Inhibition of Saccade Return in Reading［J］. Vision Research, 2003, 43：1027– 1034.

［47］Bal, M. "Visual Essentialism and the Object of Visual Culture." Journal of Visual Culture 2.1（2003）：247–249.

［48］Weibel, P., and Druckrey, T. "The World as Interface：Toward the Construction of Context Controlled Event–worlds." Electronic Culture：Technology and Visual Representation. Ed. Druckrey, T. New York：Aperture, 1996：364–366.

［49］莫里斯·梅洛-庞蒂. 知觉现象学［M］. 姜志辉，译. 北京：商务印书馆，2001.

［50］张晗. 新闻图表数字阅读眼动实验研究［J］. 出版科学，2020, 28（1）：53–60.

［51］Wolverton, G.S., Zola, D.The Temporal Characteristics of Visual Information Extraction during Reading［A］. In：K.Rayner（ed）.Eye Movements in Reading：Perceptual and Language Processes.New York：Academic Press, 1983：41– 52.

〔52〕陈永毅. 视觉注意视野下教育视听资源构建模式的审视〔J〕. 电化教育研究，2012（2）：65-69，74.

〔53〕Woody W D, Daniel D B, et al.E-books or textbooks：Students prefer textbooks〔J〕. Computers&Education, 2010,（3）：945-948.

〔54〕Keskin, H. K., & Ba tu , M., & Atmaca, T.（2016）.Factors Directing Students to Academic Digital Reading〔J〕. Education and Science, 41（188）：117-129.

〔55〕马婷婷. 服务设计视角下山西非遗文化产品用户参与式体验研究〔J〕. 包装工程，2022，43（06）：313-321.

〔56〕万思远，邓韵，魏佳琛. 沉浸体验视角下书法APP用户满意度影响因素模型构建〔J〕. 包装工程，2022，43（06）：75-82.

〔57〕高志君，郑俊生，安敬民. 支持用户偏好查询的领域概念图模型〔J〕. 计算机工程与设计，2022，43（03）：744-750.

〔58〕朱学芳，邢绍艳. 基于用户需求的高校图书馆数字资源服务质量评价研究〔J〕. 情报科学，2022，40（03）：3-11+20.

〔59〕秦琴，柯青，谢雨杉. 所见、所感与所知：用户的注意力、主观感受和在线健康信息质量评价关系探究〔J〕. 情报学报，2022，41（02）：176-187.

〔60〕马晓悦，樊旭，庞善民. 社交媒体环境中的用户信息再现行为过程及影响因素研究〔J〕. 情报理论与实践，2022，45（02）：94-102+54.

〔61〕戎军涛. 用户认知导向的动态信息检索模型构建〔J〕. 图书馆，2022，（01）：69-76.

〔62〕李宇佳，王益成. 基于用户动态画像的学术新媒体信息精准推荐模型研究〔J〕. 情报科学，2022，40（01）：88-93+101.

〔63〕陆蔚华，倪祎寒，蔡志彬. 用户评论数据驱动的产品优化设计方法〔J〕. 计算机辅助设计与图形学学报，2022，34（03）：482-490.

〔64〕丁翔宇，刘丹. 基于博弈论的用户需求驱动模块划分〔J〕. 组合机床与自动化加工技术，2021，（12）：160-164.

［65］曹家港，刘键，徐悬．基于数据驱动的用户需求智能获取方法研究［J］．包装工程，2021，42（24）：129-139．

［66］Merleau-Ponty, M. Phenomenology of Perception. New York：The Humanities Press，1962.

［67］王伟伟，宁瑨，魏婷．基于认知负荷的用户感知体验情感评价方法［J］．包装工程，2022，43（04）：147-155．

［68］朱伟珠．文化云平台用户体验评价与服务创新策略分析［J］．新世纪图书馆，2021（11）：73-81．

［69］陈积银，胡睿心，孙鹤立．用户体验视角下人工智能视频生产平台使用效果研究［J］．新闻大学，2021（12）：92-107+124-125．

［70］钱蔚蔚，王天卉．数字图书馆信息交互服务中用户情绪体验的实验研究［J］．图书情报工作．，2021，65（20）：101-112．

［71］兰玉琪，刘松洋．人工智能技术下的产品用户体验研究综述［J］．包装工程，2020，41（24）：22-29．

［72］丁严，林红．多感官体验式阅读推广的探索与实践——以浙江工业大学图书馆为例［J］．新世纪图书馆，2022（03）：23-28+34．

［73］王柳，刘卓．高龄用户感官无障碍交互体验设计研究［J］．包装工程，2021，42（22）：177-184．

［74］张默然．视觉体验与感官反应：中国电影初体验研究［J］．电影文学，2021（22）：46-49．

［75］邹菊梅，胡梦荻，林如意，等．线上、线下及混合学习情感体验的特征分析与比较［J］．现代教育技术，2022，32（04）：50-60．

［76］刘美君，余逍．感知与交互：博物馆互动体验的提升［J］．家具与室内装饰，2022，29（03）：61-65．

［77］郭子淳．具身交互叙事：智能时代叙事形态的一种体验性阐释［J］．新闻与传播评论，2022，75（02）：23-34．

［78］Jeff Johnson. Designing with the Mind in Mind, Second Edition：Simple Guide to Understanding User Interface Design Guidelines［M］．Morgan Kaufmann，2014.

［79］ Gavin Allanwood. Basics Interactive Design：User Experience Design：Creating Designs Users Really Love ［M］. AVA Publishing SA，2014.

［80］加瑞特. 用户体验要素：以用户为中心的产品设计［M］2版. 北京：机械工业出版社，2011：7.

［81］ 陈为. 用户体验设计要素及其在产品设计中的应用. 包装工程，2011，32（10）：26-29，39.

［82］ Paulo Roberto Lumertzab；Leila Ribeiroa；Lucio Mauro Duartea. User interfaces metamodel based on graphs ［J］. Journal of Visual Languages and Computing，2016，32：1-34.

［83］熊英，张明利. 基于用户体验的互联网产品界面设计分析 ［J］. 包装工程，2016，37（4）：88-91.

［84］郭馨蔚，张少焕，覃京燕. 基于信息折叠理念的柔性显示界面设计［J］. 包装工程，2022，43（06）：143-149+156.

［85］赵慧臣，李琳. 智能时代数字化学习资源质量评估研究——基于用户体验的视角［J］. 现代教育技术，2022，32（01）：75-84.

［86］韦艳丽，李安，徐曦，等. 基于Kano-QFD的云养宠APP可用性设计研究［J］. 包装工程，2022，43（02）：378-386.

［87］吕春梅，王帅，唐艳红. 基于层次分析法的老年社交APP产品可用性评价指标研究［J］. 机械设计，2019，36（S2）：174-177.

［88］潘飞，姜可，王东琦. 基于眼动追踪技术的购票网站可用性设计研究［J］. 包装工程，2020，41（24）：243-247.

［89］殷晓晨，姚能源. 基于可用性的智能手机键盘优化设计研究 ［J］. 包装工程，2018，39（20）：166-170.

［90］张亚先. UI设计中图标设计的释义方式［J］. 机械设计，2013，30（6）：107-109.

［91］李小青. 基于用户心理研究的用户体验设计［J］. 情报科学，2010，28（5）：763-767.

［92］Giles Colborne. Simple and Usable Web，Mobile，and Interaction Design［M］. New Riders，2010.

［93］覃京燕，陈珊．触摸屏智能手机交互设计方法探析［J］．包装工程，2010，31（22）：22-24，36.

［94］杨东润．数字媒体中的交互设计对用户体验的影响［J］．新兴传媒，2015（12）：45-47.

［95］宋方，金锦虹，逯新辉．UI设计中图标设计的释义方式［J］．包装工程，2012，33（14）：60-63.

［96］Lee D S，Ko Y H，et al. Effect of light source, ambient illumination, character size and interline spacing on visual performance and visual fatigue with electronic paper displays［J］. Displays, 2011（1）：1-7.

［97］王玉明．基于情感体验的交互式包装设计应用解析［J］．食品与机械，2022，38（02）：118-122.

［98］包晗雨，傅翼．试论体验时代基于新媒体技术的博物馆交互展示［J］．中国博物馆，2021，（04）：111-118.

［99］陈忆金，梁锦玲，古婷骅．新闻视频弹幕用户情感体验特征分析［J］．图书与情报，2021，（04）：75-83.

［100］刘美君，余道．感知与交互：博物馆互动体验的提升［J］．家具与室内装饰，2022，29（03）：61-65.

［101］刘丽雅．基于行为心理的互动体验城市坐具研究与设计［J］．包装工程，2019，40（06）：213-216.

［102］赵冠群．新媒体视觉设计的"加减法"原则［J］．青年记者，2021（13）：18-20.

［103］孟庆林．场景化社交游戏中界面设计的优化研究［J］．包装工程，2020，41（22）：251-257.

［104］韩宏亮，李月琳．移动学习平台的交互设计：可用性与用户体验的比较研究［J］．现代情报，2021，41（04）：55-68.

［105］许雪琦，张娅雯．移动学习平台用户使用意愿影响因素研究——基于移动情境和心流体验的技术接受模型［J］．电化教育研究，2020，41（03）：69-75+84.

［106］刘星星，高海燕．基于交互行为的移动图书馆场景构建策略研

究［J］．新世纪图书馆，2021（09）：59–64.

［107］习海旭，熊太纯．基于情境感知的移动图书馆服务系统模型研究［J］．图书馆学研究，2021（15）：14–22.

［108］赵彦杰，陆冕．栅格系统方法在网页界面设计中的应用研究［J］．包装工程，2019，40（18）：95–100+107.

［109］何天平．"交互即信息"：互联网新闻产品交互设计基本理念与创新路径［J］．中国出版版，2019（20）：31–35.

［110］陈静．基于响应式WEB设计的移动图书馆服务模式研究［J］．新世纪图书馆，2016（10）：62–66.

［111］顾欣，赵健．屏幕阅读的视觉设计嬗变［J］．装饰，2017（02）：20–23.